湛庐 CHEERS

与最聪明的人共同进化

HERE COMES EVERYBODY

U0247114

涌现

EMERGENCE

从混沌到有序
FROM CHAOS TO ORDER

[美] 约翰·霍兰德 著　　陈禹　方美琪 译
JOHN H. HOLLAND

浙江教育出版社·杭州

測一測

你了解复杂科学吗?

- 建模是理解涌现现象的重要方式吗?（　　）

  A. 是

  B. 否

- 涌现现象只发生在特定的系统中，现实世界中并不常见。这是真的吗?（　　）

  A. 真

  B. 假

- 科学发展的目标是寻找"最优理论"吗?（　　）

  A. 是

  B. 否

扫描左侧二维码查看本书更多测试题

写一本普通读者能看懂的书

光阴荏苒，距我为非专业读者写的第一本书《隐秩序》（*Hidden Order*）出版，已经过去很久了。在这段时间里，我认识到写一本非专业读者能看懂的书比写一本科学专著要艰难得多。科学专著写作的核心在于简洁地论述从假设到结论的逻辑过程，没有必要进行详尽的描述，而且只要有可能，作者一般都会使用规范化的简写。而在一本为对科学感兴趣的非专业读者写的书中，则不应该有很多假设，写得过度简洁反而会对读者造成理解上的障碍。所以，在撰写科学专著时，作者们一度刻意规避的许多写作技法，如隐喻、举例和其他辅助表达思想的手段，都可以用来写作大众科普书。

　　若要让我在做研究和把研究成果写出来之间选择，我宁愿选择前者。在撰写《隐秩序》时，我并没有想到会这么快再次经历这个困难重重的过程。那些促成我着手撰写《隐秩序》的因素，很多是"一次性"的，因此我把事情想得太简单了。然而，在写那本书的过程中发生了许多事情，使得情况又发生了变化。

　　在写作的前期，我观察了很多系统和模型。我发现在其中，复杂现象都是从简单的元素中涌现出来的。很快，有关数学"不合理的效用性"的讨论不断在我的脑海中显现。我并不是怀疑数学的效用性，因为效用性和它是否"合理"是两回事。到了 20 世纪，数学基本上已经发展起来，而数学界所持的独特观点导致了"不合理的效用性"。众多数学家现在强调数学是从物理世界分离出来的独立学科。从这样的观点出发，数学能够用来对宇宙进行简洁有效的描述，看起来就有点奇怪了。显然，这种观点忽略了数学的来源。这些相互交织的问题使我感到困惑：我们究竟要通过什么途径，才能用简洁的表达来阐明内涵丰富的描述和准确的预测呢？

　　当我意识到这些问题可以不用一大堆规范化的工具去讨论时，撰写本书的冲动就油然而生了。当向一位非专业读者解释遇到的问题以及面临的困难时，如果局限于利用某种特定的规范性工具，这些丰富的感受就很容易丧失，因此必须扩展讨论的领域和视野。就这样，我又一次进入了这个具有挑战性的领域，尽管有时它并不像做基础研究工作那样激动人心。这一工作的成果就是摆在你面前的这本书。我对自己付出的努力并不后悔，不过最终能够完成这项工作，我不免有些吃惊。

相比于《隐秩序》，《涌现》更能称得上是我的个人作品。这并不是因为这本书很少援引别人的观点，而是因为我在写作本书的过程中确实花了更多的时间来认真研究这些观点。我是以开展科学研究，特别是开展跨学科科学研究的方法，来表达自己的观点的。我并不认为这些观点是反传统的——很多有跨学科倾向的科学家都会认同这些观点。不过，这些观点都是用我独创的术语表达出来的。此外，我还介绍了一些个人经历，它们自然令本书更具我的个人特色。

与《隐秩序》的情况相同，密歇根大学 BACH[1] 小组的其他成员审查了本书的绝大多数观点。而且，和默里·盖尔曼（Murray Gell-Mann）的谈话使我始终关注更为广泛的课题。圣塔菲研究所依然是一个令人激动的地方，它为我提供的机会和可与其他人讨论的问题，是我在其他地方都未曾遇到过的。科学发展得如此之快，正在把范围广阔的关于复杂性的新观点和新理论整合到更大的科学框架中。

---

[1] BACH 小组成员包括数学家阿瑟·伯克斯（Arthur Burks）、政治学家罗伯特·阿克塞尔罗德（Robert Axelrod）和复杂系统专家迈克尔·科恩（Michael Cohen）。该小组由数学家及公共政策学家卡尔·西蒙（Carl Simon）和计算科学家及复杂系统专家里克·里奥罗（Rick Riolo）发起。

每一个读过爱丽丝·富尔顿（Alice Fulton）的诗歌或散文的人都会看出她对我的强烈影响，这种影响体现在我对诗歌和科学之间关系的理解上。特别是，有关诗歌的一章很大程度上依赖于这些年来和富尔顿的谈话，虽然她在表述时可能有所保留。

丹尼尔·丹尼特（Daniel Dennett）[①] 很早就提醒过我，研究还原论的问题将会很棘手，我始终十分认真地对待这些提醒。他还是介绍我和约翰·布罗克曼（John Brockman）认识的人。

我感谢那些为这本书的出版付出了巨大努力的人。在我表达完谢意之前，还要补充两类感谢，一类是简单直接的，另一类是复杂的，恰好符合这本书的主题——复杂性。

第一类是简单的感谢。感谢薇薇安·惠勒（Vivian Wheeler）。作为一名文字编辑，她的工作能力出色，为这本书的出版付出了巨大的努力，她把那些冗长的段落改写成了简洁明快、吸引人的散文。

第二类感谢则比较复杂：如果在我的弗雷德赫城堡旁没有密歇根湖宁静悠长的地平线和瞬息万变的景色，我想这本内容广

[①] 本书作者在探索涌现现象时借助了很多模型，而在《直觉泵和其他思考工具》一书中，丹尼尔·丹尼特展示了数十种思考工具，教读者做出独立且清晰的思考。该书中文简体字版已由湛庐引进、浙江教育出版社出版。此外，丹尼尔·丹尼特在《丹尼尔·丹尼特讲心智》一书中探讨了心智的本质。该书中文简体字版已由湛庐引进、天津科学技术出版社出版。——编者注

阔、思想深邃、不易表达的书是不可能和读者见面的。我的妻子莫里塔·霍兰德（Maurita Holland）是使弗雷德赫存在的一个重要因素，她给我的生活带来了很多快乐，也为本书的出版付出了很多心血。她多次阅读了本书不同阶段的草稿。我不知道她通过什么方法保持鲜明的观点并向我提出清晰的建议。不过，她确实是促使我将科学呈现在更多读者面前的一个巨大动力。我很庆幸此生能有这样一个伴侣！

目 录

EMERGENCE

第 1 章

神秘的涌现现象

FROM

CHAOS TO

ORDER

在童话故事《杰克与魔豆》中，杰克把一粒魔豆种到地里，一株神奇的豆苗随即破土而出，豆茎越长越高，最终为我们展现出一个有着巨人和魔法竖琴的世界。在孩提时代，我们往往觉得杰克的魔豆和其他日常事物，如秋天的落叶和发芽的种子，都是不可思议的。长大以后，这些有关种子的奇妙现象仍然令我们着迷。不知何故，这些包裹着遗传密码的小小种子竟能够长成巨大的红杉、素有"白昼之眼"之称的雏菊和豆苗这样复杂且独具特色的结构！这些正是**涌现现象**的具体体现：复杂的事物是从小而简单的事物发展而来的。现在我们已经知道，是种子里的基因决定了生化作用按照某种规则一步步地进行，但对于这个复杂的过程，我们目前仅仅弄清楚了其中的一些片段。实际上，只有完全了解基因如何通过一系列相互作用使得种子或受精卵逐步发育成成熟的有机体，我们才算真正了解了基因和染色体。总之，只有理解了涌现现象，才能真正理解生命和生物体本身。

当我们研究其他与上述生物发育似乎毫不相关的领域，例如棋类游戏时，会发现类似的涌现现象会以另外一种形式展现出来。极其复杂的游戏往往只有几条规则。国际象棋只有二十几条规则，然而，即使经过了几百年的精心钻研，人们至今还是能够不断发现新的走法。这就像小小的种子长成各式各样复杂的生物体一样——多来自少。

在其他不同领域，牛顿的万有引力定律或描述电磁现象的麦克斯韦方程组等，与游戏的定义有着许多共同之处。万有引力定律与麦克斯韦方程组相当于游戏的"规则"，借助数学工具我们可以推导出一些"棋步"。这些棋步又引导我们发现一系列新的方程和数学推论，所有这些新方程和新推论都是从起始定义的方程推导而来的。这就像下棋时，我们可能发现其发明者本人都未曾预料到的可能性。牛顿不会想到万有引力定律将会揭示引力助推效应，从而指导人类借助其他行星的引力将太空探测器发射到外行星的轨道上；麦克斯韦也绝不会料到他的方程组会帮助人们实现对电子的精确控制，而这种控制能力是制造现代电子设备绝对的必要条件。就像杰克的魔豆一样，这些方程带来了无数的奇迹。实际上，我们对整个物质世界的理解，大部分都是从少数基本的方程出发的，而这些方程都以牛顿和麦克斯韦的理论为基础。

涌现的鲜明特征就是"由小生大"。这种特征也使涌现变成一种神秘、似乎自相矛盾的现象，往往带有企图"一夜暴富"的味道。然而，涌现确实是周围世界普遍存在的一种现象。耕种等日常活动依赖涌现的一些基本经验法则，比如我们必须知道影响种子发芽的各种条件。同时，人类的创造性活动，无论是政商活动中对于创新的隐喻性表述，还是创建新的科学理论，所有这一切似乎多多少少都涉及对涌现的使用。

在生活中的每一个角落，我们都会遇到复杂适应性系统的涌现现象，例如蚁群、神经元网络系统、人体免疫系统、互联网和全球经济系统等。在这些复杂系统中，整体的行为要比其各个组成部分的行为复杂得多。关于人类状况有很多深层次的问题，解决这些问题的关键则取决于人们对这类系统所表现出的涌现特征的理解：整个生命系统是如何按照物理和化学规律涌现出来的？我们是否能将人类的意识解释为某些物理系统的一种涌现属性？只有弄清楚涌现现象的来龙去脉，我们才能真正弄清楚对这些问题给出的种种科学解答的局限所在。本书最主要的目的就是提供有说服力的证据，证明科学研究将大大加深我们对涌现现象的理解。

理解涌现

尽管涌现是普遍存在的现象，而且相当重要，但它至今仍是一个神秘、难以理解的主题。人们对它的态度更多的还是好奇，并没有进行过细致分析。我们目前对涌现的了解主要是通过一系列例子得来的。在许多领域我们常常只是凭借以往的经验行事，例如，为了使种子发芽就要将它放入潮湿的土壤里，要想在国际象棋比赛中获胜就得调动你的关键棋子。事实上，我们今天对涌现的理解，并不比孩子们通过杰克冻人（Jack Frost）[①]去理解秋天奇妙的色彩好多少。尽管类似解释激发了人们的想象力，但其结果从根本上说往往不能令人信服。对于秋天种种变化的成因，分子生物学家会从复杂的生物分子相互作用这个角度入手研究，而这就是我们本能上希望有一种解释能够达到的深度。人们一旦理解了这种更深层的解释，想象力必然会被更强烈地激发出来。但是，问题在于，需要研究的仅仅就是解释这些问题的具体机制吗？

　　像涌现这么复杂的主题，不大可能用一个简洁的定义来完整地解释，当然我也无法给出这样一个定义。但是，为了研究这一问题，我可以提供一些标识，用来清晰地界定特定领域，以及研究相应的领域所需的条件。

　　一开始，我将把我们的研究领域限定在那些能用规则或定律清晰描述的系统。典型的例子包括：各种游戏、人们已充分理解其组成的物质系统（如由原子组成的分子），以及用科学理论（如万有引力定律）定义的系统。当然，涌现现象也会出现在那些至今几乎还没有普遍认可的规律可循的领域，如道德及伦理系统、国家的演变、脑海中产生想法的传播过程。本书中讨论的大部分观点都与这样的系统有关，但如果要精确地把这些观点应用于这些系统，则还需要更好地研究这些系统内在的发展规律（如果存在的话）。

---

① 动画片《守护者联盟》的主角，角色原型为英国民间传说中的雪精灵。——编者注

当然，"涌现"这个概念可能还有其他合理的科学用途，但是在上述这个由规则制约的领域，它就已经复杂到我们需要投入全部的精力去研究了。本书将不厌其烦地反复证明，少数规则和规律就能产生极其错综复杂的系统。这种系统复杂性不仅仅是随机模式所表征的复杂性，而且也存在可识别的特征，就像点彩派画家的作品所体现的那样。此外，这些系统是变化的，也就是**动态的**，它们会随着时间而改变。尽管事物所遵循的定律不会改变，然而事物本身却会变化。棋类游戏中多种多样的棋局，或者遵循万有引力定律的棒球、行星和星系的运行轨迹，都说明了这一点：少数规则或定律能够产生复杂的系统，而且以不断变化的形式引起**恒新性**（perpetual novelty）和新的涌现现象。实际上，在大多数情况下，我们只有理解了与系统相伴的涌现现象，才能真正理解这些复杂系统。

在研究涌现现象的过程中，可识别的特征和模式是关键的部分。除非一种现象是可识别并且重复发生的，否则我不会称之为涌现，在这种情况下，我通常说这种现象是**有规律的**。一种现象是有规律的，并不代表它容易识别或解释。即使这种现象的基础规律我们都很清楚了，但要认出和解释它可能仍很困难。为了了解国际象棋博弈中的某些定式，人们研究了好几个世纪。例如，如何控制兵形。一旦找到了某些定式，博弈参与者获胜的可能性就将大大提高。同样，为了得到由万有引力定律发展出来的动态变化模式，如在探索行星时使用的引力助推，人们已经花费了几个世纪的时间去研究。直到现在，我们仍然还在学习研究。

　　弄清楚这些演化规律的本源以及它们之间的关系，我们就更有希望理解复杂系统中的涌现现象。其中关键的一步就是要从次要、不相干的细节中找出基本规律。例如，我们可以通过台球碰撞的理想化形式，来洞察气体分子碰撞的运动规律。通过这些相互碰撞的分子，得出一些可测量的变化规律，如气体的温度和压力等（参见第 9 章）。或者，我们也可以用描述扑克的数学方法去研究政治谈判中存在的复杂性。我们称这个过程为**建模**（modeling）。

　　尽管人们通常认为建立模型并不是创立科学理论的关键，然而我的观点恰恰相反。每当科学家创立一整套描述世界的方程时，如牛顿方程或麦克斯韦方程组，他们其实就是在构建一种模型。每个模型都只描述世界的某一特定方面，而将其他方面看成是次要因素。如果模型构思得当，它将对可能出现的情况做出预测和计划，并且揭示新的可能性。正因为在对复杂系统的研究中，建模起到了非常重要的作用，所以下一部分将讲述有关建模的知识。在第 2 章，我们将通过仔细研究那些由人类的祖先发明的游戏、绘制的地图，更加详细地讨论科学的建模方法。在第 3 章，我们将通过更加细致地观察可由计算机实现的游戏和复杂系统的模型，进一步对动态过程进行研究。在本书中，建模将是一以贯之的主题。

　　如果组成系统的元素具备适应或学习能力，即使这种能力很初级，也可以产生复杂的涌现现象。在第 4 章，我们将研究一个具有学习能力的国际跳棋程序。虽然从涌现问题成为热点以来，研究成果层出不穷，但相比于国际跳棋程序，这些后来的成果便黯然失色了。这个程序通过学习居然战胜了它的设计者！很显然这是一个产出大于投入的案例。它根据学到的经验，不断对组成自身的单元进行小的改进，最终使自己的整体能力达到锦标赛选手级别。这个程序完全可以还原成定义它的规则（指令）本身，原原本本地展现在你面前，然而它产生的行为并不是通过观察那些规则就可以轻松预测到的。

这种基于明确规则的系统，往往会导致无法预测的异常行为，这正是涌现现象的一个重要方面。而正是这种无法预测、出其不意产生的诱惑，吸引人们投身到涌现现象的研究中来。然而，我并不认为出其不意是支撑这一领域的本质因素。简而言之，涌现现象并不像"神秘产生美"那样，人们一旦理解它就会离它而去。

如果把涌现行为的产生者看作**主体**（agent），我们就能更好地理解，什么比"神秘产生美"更具吸引力。对基于主体的涌现现象的经典描述，当属侯世达（Douglas Hofstadter）[①] 于 1979 年用蚁群做的隐喻。不管这些独立的主体（蚂蚁）能力多么有限，整个蚁群在探索和开拓其周围环境的过程中却展现出了非凡的灵活性。不知什么缘故，这些主体中存在的简单规律，产生了一种远远超过个体能力的涌现行为。值得注意的是，涌现行为是在没有一个中心执行

---

① "把涌现行为的产生者看作主体"，这实际上是人类大脑在不知不觉中做出的类比。在《表象与本质中》，侯世达揭示了人类认知中隐藏的核心机制，即大脑无时无刻不在作类比，类比是思考之源、思维之火。该书中文简体字版已由湛庐引进、浙江人民出版社出版。——编者注

者进行控制的情况下发生的。通过模拟大量相互关联的神经元而构建的模拟神经网络，是这类涌现现象的另外一个例子，我们将在第5章介绍。模拟神经网络表现出较为清晰的涌现现象，这与前面提到的国际跳棋程序形成了一个有趣的对比。

从国际跳棋和神经网络中我们看到了组合的巨大作用，因此我们借鉴了古希腊人的想法。古希腊人认为所有的机器都能由6大基本机械构件组合而成，这些构件分别是杠杆、螺丝、斜面、楔子、轮子和滑轮。在1969年，赫伯特·西蒙（Herbert Simon）进一步完善了这种见解，使它与我们的目标直接联系起来。他通过钟表匠的故事证明了这种见解的优势：制造一块手表时，先要制造组成手表的各个基础构件，然后再将这些构件组合成一个更大的构件，依次组装，直到造出一块手表。如此一来，我们便能够更容易地理解和控制复杂系统。

借助上述观点，我们就可以这样看待复杂系统和涌现：它们是由许多构件和组合这些构件的程序所构成的事物（参见第7章）。因此，构件的概念不应再局限于一般意义上的机械构件。因此，我们的想法要更接近物理学家对于基本粒子的看法，就像光子激发电子，使它从原子周围的轨道上跃迁那样。机制的定义需要能够精确地描述构成复杂系统的基本元素（主体）、规则，以及用来定义复杂系统的元素之间的相互作用。通过这种设定，我们最终能采用一种通用的方法来描述多种受规则支配的复杂系统，更好地理解其中所呈现出的涌现现象。

这种设定的直接好处就是，我们能对呈现出涌现现象且差别很大的不同系统和模型进行比较。我们希望能找到它们的相似之处和普遍的规则或定律。凭借勤奋和运气，我们应该能提取到一些"涌现定律"。第 8 章通过描述国际跳棋模型、几种中枢神经系统模型，以及 Copycat——一个具有很强的判断力、基于计算机的类比模型，开始这一探索。基于以上设定，我们很容易发现，尽管这些系统在细节上有很大区别，但它们都具有共同的机制。特别是，我们发现将那些基础的**积木块**（building block，回忆一下赫伯特·西蒙提到的手表子构件）重复组合的机制在这三个复杂系统中都起到了关键作用。我们进一步发现：

1. 这些组合机制之间的相互作用不受中枢模块的控制。

2. 随着机制之间相互作用的适应性不断提高，涌现现象出现的可能性也迅速增加。

这些观察将注意力集中在基于主体的模型上，在这种模型中，动态的"机制"（主体）相互影响、相互适应。第 9 章在第 7 章的基础上对设定做了修正，允许机制本身通过相互适应来修正其相互作用的模式。这种对系统扩展了的设定，包含了一系列涌现现象的新例子：从被称为**元胞自动机**（cellular automata）的微型宇宙，到前面提到的台球模型。通过分析这些基于扩展后的设定的新例子，我们会更深刻地认识到，系统的各个组成部分在孕育涌现现象过程中所起的重要作用。

　　这些新例子也说明涌现通常涉及一些相互作用持久存在的模式，尽管这些模式中的组成成分不断变换。不妨举一个简单的例子：在一条清澈的小河里，水流在一块石头前激起浪花，形成驻波。组成这个驻波的水分子不断变化，然而只要石头立在那里，并且水在不断流动，这个驻波就会持续存在。蚁群、城市和人体①是更复杂的例子。这些涌现的宏观模式依赖于不断变化的微观模式，这就使涌现更具有吸引力，也更难以研究。

　　我们可将一个可观察到的、持续存在的模式作为积木块，用来构成更复杂级别的持续存在模式。西蒙举的手表的例子能很好地在静态体系下阐述这一观点：希腊人知道的基础机械构件（杠杆、轮子等）是构成手表主发条这一子构件的积木块，而主发条子构件又与其他相似的子构件，例如手表指针的传动装置，组合在一起，进一步形成手表这一复杂系统。

　　在每一个可观察到的层级上，上一层级持续存在的模式组合制约着下一层级的涌现模式。这种连锁的层次关系是科学研究的一种核心特征（见表1-1）。这一特征可以指导我们进行错综复杂的**还原**（reduction）工作，简单来说就是，把对整个系统的解释还原为对组成系统的各个简单部分间相互作用的解释。由于我们正在研究的是受规则控制的系统中的涌现现象，这种还原对我们的探索和研究将有很大帮助。还原方法一直是人们反复研究的哲学主题，有时

_____

① 不超过两年，组成人体细胞的原子就会全部更新一遍。

它也成为其他人文学科的研究对象，但这些探索却并不常关注它与受规则控制的涌现现象之间的联系。不过也存在一些值得关注的例外情况，如丹尼尔·丹尼特的《达尔文的危险观念》（*Darwin's Dangerous Idea*）。第 10 章研究了还原方法应用到涌现研究中所体现出的创造性。在这里我们发现，存在于受规则控制的复杂系统中的涌现现象，算得上是合理运用还原论的一个有力的佐证。

表 1-1　科学描述中典型的连锁层次关系

系统（科学）	典型机制
原子核（物理学）	夸克、胶子
原子（物理学）	质子、中子、电子
气体、流体（物理学）	PVT（气压／容积／温度）、流量
密闭容器内（如锅炉）	环流（锋面）、湍流
自由流动（如气象）	
分子（化学）	键、活性位、质量作用
细胞器（微生物学）	酶、膜、转运
细胞（生物学）	有丝分裂、减数分裂、基因的行为
有机体（生物学）	形态发育
生态系统（生态学）	共生、捕食、拟态

注：每个层次上的行为和结构都依赖上一层次上的行为和结构。较低层次的行为和结构可以限定较高层次的行为和结构，并可以帮助我们去认识较高层次的行为和结构。需要说明的是，任一层次的行为和结构要与所有层次上的观察结果保持一致。

还有一点与还原方法的创造性密切相关。自古希腊时代以来，人们就已经很熟悉组成手表的基础构件了，但是手表的发明距今还不到两个世纪。为什么手表的基础构件早就为人类所熟知，而手表却又出现得这么晚呢？这个问题是关于建模、创新和涌现研究的核心：人们在建立一个模型或完善一个科学理论架构时，往往并不会给出推导的过程。科学理论架构所推导出的标准结论，往往不会体现推导出这些理论架构的早期隐喻模型。

前面我用台球碰撞模型来隐喻气体中分子的碰撞。第 11 章的开头将提到麦克斯韦如何使用机械的隐喻模型来加深他对电磁场的理解。在涌现的研究过程中，建模和使用隐喻的问题与另一个问题比起来可能还算次要的，这个主要的问题就是：科学家究竟怎样找出那些定律和机制，从而如此有效地揭示宇宙中隐藏的秩序？除了麦克斯韦，其他科学家极少讨论这方面的问题。第 11 章还提出了隐喻的构建和模型的构建之间的密切关系。第 10 章和第 11 章从创造性和创新性角度讨论本书前面部分介绍的建模和涌现。

从各章内容的简要介绍中，我们可以很明显地看出关于涌现现象的研究是非常复杂的。尽管如此，我们还是需要重点熟悉下列这些涌现研究中的关键术语：

- **机制**（积木块、生成器、主体）**和恒新性**（大量不断生成的结构）。

- **动态性和规律性**（在生成的结构中，持续并重复出现的结构或模式）。

- **分层组织**（由生成器构成的构件成为更高层次组织的生成器）。

建模是我们下一节要讨论的主题，它是整个研究的基石。

"结语"部分将回顾本书讨论的内容，并进一步说明我们的研究方向和核心概念。我们还将看到本书中间部分探讨得出的普适框架如何解释一些复杂系统中与涌现现象相关的谜团。此外，我们还分析了仍然存在的神秘现象，以及如何在普适框架下揭开这些现象的神秘面纱。

模型的作用

人类自诞生伊始一直在努力寻找开拓这个混乱世界的智慧。最初人们采用的方法是根据一些规则向神灵献祭。当时的人根据"神灵主宰世界"这类观念以及各种取悦神灵的献祭方式来构建世界的模型。后来，人类发明了机械装置，比如门、泵和轮子，以及各种利用它们来控制世界某些部分的方法。人类开始用机制代替对神灵的崇拜来构建整个世界的模型。最终，人类有了由计算机控制的复杂设备和模型，以及那些运用抽象机制的科学模型。虽然模型的使用如此广泛，但我们对建模技巧本身并不熟悉，即便那些实践经验丰富的科学家也是如此。因此，建模将成为贯穿本书始终的话题。

在地球上所有的生物中，建立一定的实体或脚本来充当模型是人类独有的行为。模型可能会很小，如古埃及人制作的那些精美的动物和船只的缩微模型；它们也可能很大，像用很难移动的巨石排列而成的巨石阵，它是代表季节更替的模型。模型在日常生活中普遍存在，但我们往往意识不到，例如，开车上下班时我们需要在头脑中规划出行车路线模型。事实上，对于沿途的重要地标和拐角，人们都在头脑中形成了一种内在的地图。要不是由于道路施工或发生交通事故而不得不找出其他路线，我们显然意识不到这种地图的存在。在寻找其他路线的过程时，我们会按头脑里的地图想象着去寻路，而非真的走上一番，验证是否可行。由此可见，人们可以不必进行费时费力而且可能有危险的实践，只要借助模型就可以预测结果，这是模型的一个重要价值。比例模型，如轮船模型、飞机模型、铁路模型等，也有重要的价值，没有它们，某些测量工作将变得异常困难。我们可以利用轮船的比例模型来测量真实的轮船上从桅杆顶到船首斜桅顶的距离。可以利用风洞来对飞机模型进行各种实验，从而得到实际飞行中会用到的一些参数。实际上，我们在后文中将看到，模型在精细的实验中是必不可少的。

"模型"这个词的含义超出了地图和比例模型，而且已经存在相当长的时间。

> 打算建房时，先要勘察土地情况，再构建一个模型。
>
> 莎士比亚

> 模型是一种用于测试设备的初步设想的结构。
>
> 《美国传统词典》(*American Heritage Dictionary*)

模型的广泛使用在涌现的研究中发挥了关键作用。一个模型不必与其本体有任何相似之处。牛顿方程不过是写在纸上的一些符号，看起来一点也不像围绕太阳转动的行星轨道。然而，它这种模型所描述的现实物质空间，是那些太阳系的比例模型不能描述的。现在我们取得了更大的突破，利用计算机程序，可以为现实或想象的情况构建模型。这样的例子很多，比如电子游戏、细节高度还原的飞行模拟器。后文会详细介绍实现过程，这里只是简单地说明一点：模型最重要的功能是使期望和预测变成现实。

大部分人在很小的时候就会构建模型了。孩提时代，我们用积木搭建出自己想象中的城堡和空间站。熟练地将那些标准的模块组合成新东西，这种技能一直延续到我们后来所从事的职业中。钟表匠使用传动轮、弹簧、小齿轮等常见的机械构件制造钟表；科学家则是在一个更抽象的层次上做同样的事情，用简单的事物生成更复杂的事物，如用简单的原子合成分子。选择积木块，再以各种方式重组这些模块，我们借此建立起一些规则，使受规则控制的系统更易于理解。精心构思的模型将展现被建模系统的复杂性及涌现现象，但是删减了大量的细节部分。这正是本书第 6 章至第 9 章要讨论的核心内容。

从某种意义上来说，所有科学都以模型为基础。牛顿方程和麦克斯韦方程组对现实世界的某些方面建模，我们可以利用这些模型推演出事物发展的结果，并且做出预测。这些方程能够解释的很多出乎意料的预测和神奇的结果，恰好是涌现的最好例子。即使创建模型的人直觉超凡，但从模型推导出的许多结果仍出乎他们的意料。为了理解涌现现象，我们必须了解科学和其他领域的模型为何能在它们被构建时具有的知识基础上，产生新知识。

　　模型，尤其是计算机模型，可以提供许多涌现方面的例子，这大大加深了我们对涌现现象的理解。而且，这样的模型可以随时启动、停止、检验，并可以在新的条件下重新启动。这些是大多数现实的动态系统，如生态系统或经济系统无法实现的。建立计算机模型时，将描述模型的程序加载进计算机，最后却能产生足以使程序设计者惊叹的结果，这再次印证了涌现现象。第 4 章将给出一个具有学习能力的国际跳棋程序，这是涌现的第一个比较详细的例子。在这个例子中，机器棋手通过不断学习，成为胜过其设计者的国际跳棋棋手。我们自然可以仔细研究这段程序，把它的每一条指令都弄懂，但不得不承认，它是研究涌现现象的一个绝佳案例。

研究涌现道路上的困难

　　我们对涌现问题已经有了不断深入的了解，但比较奇怪的是，涌现问题可用的解释还很少。许多哲学家和一些科学家认为，涌现问题不可能简单地用科学术语加以解释。特别是他们还坚持认为，对涌现的研究不可能还原为对明确定义的机制及其相互作用的研究。持有这种观点的学者坚信，机器不可能具备自我扩展和提高的能力，即机器的能力不可能超越人类在制造它时赋予它的能力。

这种观点与直到 20 世纪中叶仍流行的一种观点比较类似，即机器不可能自我复制。原因在于，如果机器要自我复制，就需要描述自身，然而这种描述又必须包含关于机器如何描述其自身的一种描述，以此类推，这将是一个无限循环。所以，机器自我复制"显然"是不可能的，就如同机器的能力，不可能超越人类在制造它时赋予它的能力。由于有机体显然都可以复制自身，所以这种"不可再生性"是机器与有机体之间的一个主要区别。20 世纪 50 年代，这种关于自我复制的观点被彻底推翻了，因为约翰·冯·诺伊曼（John von Neumann）根据美国数学家斯塔尼斯拉夫·乌拉姆（Stanisław Ulam）提出的思想，给出了一种能自我复制的机器的描述（von Neumann, 1966）。正像对于秋天的种种变化给出科学的解释之后，人们对这一过程的疑惑并没有减少一样，人们进入"能自我复制的机器"这个全新的研究领域，提出了新的怀疑和问题。

我认为，用类似机制的方式来解释自我完善和涌现现象，最大的障碍并不在于刚刚提到的这些原理性的东西，而在于涌现现象令人眼花缭乱的多样性。就像意识、生命或者能量一样，涌现是永存的，但是它的形式却是千变万化的。这种困难在一定程度上也源自涌现现象与偶然发生的新奇事物之间的相似性。上下起伏的波浪会使反射的灯光闪烁不定，而对受规则控制的系统所产生的涌现现象也很少有规律可循。在大量千差万别的涌现现象中，与之相伴的那些意外出现的新奇事物，其虚假的轨迹给我们分离涌现现象的基本要素造成了重重困难。

在研究涌现的道路上继续前进

对涌现现象的研究现在依赖于对其进行还原的研究。复杂系统可用较简单系统之间的相互作用来描述，例如表 1-1 给出了人们所熟悉的科学领域的还原示例。我之所以特别强调"相互作用"，是因为人们现在对还原研究存在一个常见的错误观念：要了解整体，必须深入分析最基本的组成部分，并且将这些部分进行隔离研究。这种分析的局限在于，只有在整体能被视作各个部分的总和时，它才是有效的。而一旦各部分间存在稍微复杂的相互作用，这种分析方法就会失败。

对于复杂的声波，比如在一段交响乐中瞬间出现的声波，我们可以分析它的各组成部分的频率，然后再将这些组成部分组合起来重新构成整体。一些数字录音技术可以根据瞬间记录的结果，将各组成部分的频率重新合成，得到最终的整体效果。然而，当各个组成部分以较复杂的形式相互作用时，就像蚁群中的蚂蚁相遇时那样，知道孤立的个体行为并不能了解整个系统（蚁群）的情况。简单机械地运用还原的观念，只是在孤立地研究各个组成部分，对于组成部分之间具有较强相互作用的系统，这种研究方法是行不通的。因此，我们必须既要研究各个部分，又要研究它们之间的相互作用。

由此可见，涌现仅仅发生在整体行为不等于各部分行为简单相加的情况下。就涌现而言，整体行为确实远比各部分行为的总和更复杂。为了说明这一点，我们再次以国际象棋为例。仅仅依靠累加棋盘上各个棋子的价值，不可能有效描述正在进行中的棋局。各枚棋子通过相互作用，才达到了相互配合和控制棋盘上各个部分形势的效果。如果很好地考量并利用这种连锁的布局，即使对手有更有价值的棋子，但如果他没有从整体上考虑，没有合理布局，那么你也能轻易战胜他。要有效地分析整个棋局状况，就一定要找出能够直接描述棋子间这些相互作用、相互影响的方法。在研究形式更为复杂的涌现现象时也是如此。

因为涌现现象在许多不同的学科中普遍存在，所以我们的探讨也要跨越多门学科。因此，我们也能够收集彼此存在很大区别的涌现的例子。由于存在着诸多不同，我们可以排除那些偶然因素，使用一种普适框架来比较这些例子。这个过程增加了我们发现并控制涌现现象本质条件的机会。帮助我们完成这个过程的普适框架，建立在涌现中各机制相互作用的基础之上。本书前半部分给出的详细示例证明了这一点。

EMERGENCE

数学符号

在正式阐述本书内容前，我还有一点需要说明。本书多处使用数学符号，甚至还使用了一些基本的方程式，但是你完全可以不去钻研这些难懂的数学知识。读者即使跳过这些部分，仍然能清楚地理解我们讨论的中心思想。

读者难免会提出这样的问题：如果可以跳过那些数学部分，为什么还要把它们包含进来呢？不妨考虑另一个类似但你可能更为熟悉的领域：音乐。任何一个人只要努力一番，都能学会欣赏非常复杂的音乐。但是，如果没有音乐符号，音乐的精妙之处就很难得到表达。巴赫、贝多芬和普罗科菲耶夫创作的复杂曲目，都遵循产生这些音乐符号的原则。了解音乐符号会加深人们对乐曲和谱曲过程的认识。数学符号对科学家的意义，就如同音乐符号对作曲家的意义。如果没有机会接触这些符号，你将错过很多东西。本书之所以包含一些数学符号，是希望读者有机会领会更精妙之处。尽管这要付出更多的精力，但我认为这样做是值得的。这些符号很简单并且都有相应的解释，因此读者没必要像一位有经验的科学家或作曲家那样弄清每一个定理和结构。

EMERGENCE

第 2 章

理解科学建模的
游戏与数字

FROM

CHAOS TO

ORDER

1952 年仲夏的一个夜晚，已经凌晨两点钟了，我和我的合作者阿瑟·塞缪尔（Arthur Samuel）仍在建立模型。我们是受雇来做这项工作的。

我们的工作场地是一间有很多笨重大柜子的房间。这些柜子比冰箱还大，大部分装满了发光的真空管。其中一个柜子里装着发光的阴极射线管阵列，它们就像一个个小的电视屏幕，显示着一行行的点。还有一个柜子上配有一块很大的控制板，上面布满了可拨动的开关和小小的橙黄色二极管指示灯。所有的这些柜子都用很粗的电缆相互连接，这些电缆又都嵌在活动地板下的电缆槽中。房间里到处都是大量精心设计的电路，它们是 IBM 公司研发的早期纯电子数字计算机的原型。在早期的使用手册中，它被称作**防务计算器**（Defense Calculator）。与同时代的科幻电影中的计算机相比，这个大块头要引人注目得多。

对于我和合作伙伴塞缪尔来说，计算机拓宽了我们探索模型的可能性，其中有很多情况无法依靠铅笔、纸和计算器完成。在可编程计算机出现之前的科学模型，几乎都很简单，因为那时科学家无法分析和探索复杂的模型。一些重要的物理定律都由几个基本的方程表达出来，如牛顿方程和麦克斯韦方程组，这一事实导致人们更注重追求简单性。可编程计算机则开辟出一种新的可能性，因为它可以高速执行长指令序列，能够在短时间内探索以往无法比拟的复杂模型。这值得庆贺，但也带来了一个问题：你可能会太着迷于细节，以至于完全丧失发现重要原理的可能性。虽然存在这个问题，但可编程计算机带来的机会仍然令人着迷。

　　由于我和塞缪尔都直接参与了这台计算机的设计，所以我们控制这个电子巨物时得心应手。尽管防务计算器个头很大，但它只能存储几千个数字。它的运行速度虽然达不到今天的水平，但在当时已经算相当快了。它能以每秒 10 万条指令的速度执行指令序列。更重要的是，在计算过程中，条件指令支持根据计算结果在一定条件下改变执行顺序，并且不需要费时的人工干预。这些程序以及我们的模型，可以在程序执行时修改它们的计算，甚至修改定义计算过程的指令。这就是能对自身进行修改的程序吗？！这个想法令人兴奋，马上就会让我们想到自我复制、自学习以及自适应的种种愿景。我们当时觉得要慎重对待这些可能。

　　能够马上亲眼看到我们所建立的模型的各种结果，确实是件令人鼓舞的事。对于传统模型，即那些由一组方程定义的模型，人们通常需要花几个月甚至几年的时间进行大量研究，才能理解它们的行为。而由计算机程序实现的模型更像一份菜谱。计算机更像一个自动化的炉子，只要输入这个菜谱或说明书，它就会按照规定做出美味佳肴。用程序定义模型，再把它们输入到计算机中，我们就能依靠计算机来揭示模型定义中所隐含的行为。

计算机模型对建模者提出了严格的要求。用语言描述的模型，其结论经常是通过修辞得来的。对这样的模型，即使使用完全相同的论据也经常产生相互矛盾的结论，如全球变暖或物种保护方面的主张。那些传统的数学模型有时也是如此，甚至是最为严格的数学证明过程，有时也会跳过"显而易见"的步骤。但是计算机程序不可能跳过任何一步而继续向下执行。计算机要按照程序指定的序列执行每一条指令，一条指令的丢失或不正确就会导致整个程序的运行结果违背建模者的初衷。这样看来，计算机模型很像美国专利局早年间要求的可实现的机械模型，即无论专利模型描述是多么巧妙和令人信服，如果依照这个模型不能产生它所声称的结果，该专利申请就会被拒绝。同样，一个计算机模型既要有精确的描述——可以用程序设计语言来实现，又要能够实际运行。

下一节我会简单地回顾我和塞缪尔当时所做的建模工作，为说明模型与涌现研究之间的联系提供一些明显的例子。我们会进一步仔细考察三个人造模型：棋类游戏、数字和积木块。棋类游戏是古老而又最显而易见的例子，表明由简单的几条规则就可以衍生出大量复杂现象；数字表明了如何删除细节部分，抓住基本原理；积木块则给出了一种从简单构件直接产生复杂和涌现的方法。棋类游戏、数字、积木块所表达的概念正是本书的主要议题。

　　本章的最后一部分将重新回到计算机建模的话题上来，因为这正是将这些议题整合到涌现现象科学研究中的一种方法。在第 4 章和第 5 章，我将再次研究我和塞缪尔构建的这些模型，以便给这些基础议题提供一些可供实际使用的定义，这些定义反过来又能帮助我们构建一个普适框架。依托这个普适框架，我们可以观察那些展现涌现现象的各种各样的系统。

国际跳棋与神经网络

　　我和塞缪尔认为，如果能够充分利用防务计算器的种种潜在能力，我们就能够写出一些可以自适应的程序。这些程序能够通过学习来改变自身，就像前面提到的那样。用塞缪尔的话说就是，我们可以设计出一些程序，实现"只告诉计算机做什么，而不告知它怎么去做"这一目标。计算机模型现在已经很常见了，电子游戏只不过是其最典型的例子，但当时它们还只是处在发展初期。自学习程序可以通过不断收集经验数据来改变自身的运算流程。人们已经用了半个多世纪去研究这样的程序，但是到现在它们还是很少见，而且我们依然还没有什么理论和工具去从事这方面的研究。我写这本书的目的之一，就是阐述建立这种计算机自学习模型的困难之处。虽然自 20 世纪 50 年代以来，计算机的处理能力有了巨大的发展，但这些困难依然存在。

虽然我和塞缪尔在同一个房间，使用同一台机器工作，但我们俩脑海中的模型截然不同。塞缪尔想设计一种可以自己学会下国际跳棋，能与一系列对手比赛，并能从中提高自己技能的模型（Samuel, 1959）。当时我觉得塞缪尔的自学习国际跳棋程序很有趣，而且很具挑战性，但它太特殊，不容易体现基本原理。我真是大错特错！我稍后再讨论塞缪尔的发现，因为我们需要了解更多模型和建模过程，才能领会他的发现的重要性。现在完全可以说，塞缪尔的研究成果直接推动了人们对他命名的领域——机器学习的基本认识以及该领域的发展。他的研究具有相当的深度，继他之后这一领域几乎没有进一步的发展，或者说直到现在还没有人超越他的研究成果。

时任美国国防部高级研究计划局主任的约瑟夫·利克莱德（J.C.R. Licklider），就心理学家唐纳德·赫布（Donald Hebb）于1949年提出的"学习行为的神经心理学理论"所做的演讲，使我深受启发。赫布的目标是建立一套以中枢神经系统中神经细胞的相互作用为基础的行为理论。他提出了改变神经网络中神经细胞间连接强度的机制，这种机制使得产生成功行为的细胞连接的强度得到加强。因为我读过神经学家沃伦·麦卡洛克（Warren McCulloch）和数学家沃尔特·皮茨（Walter Pitts）（Kleene, 1951），以及尼古拉斯·拉舍夫斯基（Nicolas Rashevsky）关于神经网络逻辑的论文，听了利克莱德的演讲，我的第一反应就是"我必须试试"。我的老板纳撒尼尔·罗切斯特（Nathaniel Rochester）同意了，因此我们就按照利克莱德描述的机制建立了少数几个模型。

本书后面会详细讨论神经网络，现在只做个简单的介绍。中枢神经系统由神经元细胞组成。当一个神经元被充分刺激时，它会被**激发**（fire），产生一个电脉冲，这个电脉冲会沿着神经元延伸出的轴突扩散（见图 5-1）。轴突会与许多其他神经元相接触，接触的部分被称为神经元的突触。当一个脉冲到达突触时，会刺激与它相接触的神经元。如果在很短的时间间隔内，有足够的脉冲通过突触刺激一个神经元的表面，这个神经元就会被激发。如果人们沿着中枢神经系统中神经元之间的连接把神经元依次连起来，就会发现这个连接将形成一个回路，最后将回到初始神经元。也就是说，位于这种连接初始位置的神经元产生了一系列脉冲，而这一系列脉冲最后会返回并且再次激发该神经元。这种反馈使得脉冲在这个连接回路中振荡——形成一种"环"，而不会进一步激发这个连接回路外的其他神经元。因此，中枢神经系统会由于这些活跃的、大量循环的脉冲而处于持续兴奋状态，即使在熟睡和无意识的状态下也不例外。

运用这些基本的事实，罗切斯特构建了一个模型，模拟一个含有 69 个神经元的神经网络模型，并跟踪由这些神经元产生的每一个脉冲。我则建立了一个含有 512 个神经元的神经网络模型，这个模型仅用到了那些受到刺激的神经元的激发频率。我经常忙到深夜，其中一个原因就是我想方设法要把这 512 个神经元都塞到当时那台计算机有限的存储空间中。我骄傲地给这个模型取了个名字，叫**构思者**（Conceptor）。罗切斯特和我的模型都是基于复杂、相互连接成回路的神经元而设计的，目的都是验证赫布最初的推测：在一系列重复刺激下，神经元间的连接会加强，会形成神经元组。在中枢神经系统中，这些组被称为**细胞集群**（cell assemblies），它们对来自环境的不同刺激做出反应，并成为这些刺激的象征。接下来，这些细胞集群还可以作为积木块，描述对环境刺激做出的更复杂反应的行为。我的模型可以演示细胞集群的形成，却很难描述环形神经网络的情况。

在这里，我们又一次遇到了这个历时半个多世纪的科学断层：赫布的理论仍然是神经心理学的理论，尽管环形神经网络是这个理论成立的基石，但我们实际上并不十分了解它的具体行为。由于"前馈"神经网络避开了这些内部循环，因此它与赫布理论看起来毫不相干。

模型中的奥秘

看起来，有一些神秘的东西蕴含于人们为构建模型所做的努力中。事实正是如此，从某种意义上说，从人类构建模型开始，神秘性就伴随其中。从宽泛一点的角度看，地图、游戏、绘画甚至隐喻都属于模型。模型是人类认知行为的精华，它们通常是很神秘的。在人类文明的早期阶段，建立和解释模型的权力总是掌握在神职人员手中，这并不仅仅是巧合。史前的巨石阵，即那个巨大的春秋分预测器，就是权力和神秘在模型中的具体体现。

剖析模型和建模过程中的神秘因素非常重要。建模过程中的一些不精确的描述，就像魔术师常用来分散人们注意力的招数一样，增加了模型的神秘性。建模和创建一门学科或创造一种艺术形式一样，是一个精细的过程，需要大量源于日常经验的技巧。要真正领会建模的本质，就必须像领会音乐、绘画、诗歌或科学的精髓那样，付出大量努力。要想解决模型中的神秘性问题，就必须仔细研究建模过程的每一个步骤。

神秘性表现在不同的层次上，而且每个层次都有其自身的特殊问题。在最基本的层次上，一台仅仅操纵数字的装置是如何对国际跳棋和神经网络建立模型的？再普遍一些：为什么对于某些过程和系统，比如完整的学习系统来说，建模发展得如此缓慢？更普遍一点：模型能帮助我们更好地了解周围的世界吗？终极问题：为什么在人类活动中，模型如此普遍，甚至是不可缺少的部分？

很显然，即便是最基本层次上的问题，其答案都已经相当复杂了。对于那些在更普遍层次上的问题，恐怕在很长时间内我们都不会找到完整答案。

我们讨论的神秘性普遍存在于大量的模型中，比如，地图、架构图、比例模型、游戏、飞行模拟器、数学模型、卡通片、隐喻、类比、计谋策略等。这些模型存在很大的差异，这就又引出了一个比其他所有问题都更为基本的问题：各种各样的模型除了表面相似性之外，是否还有些其他共同点？

模型是日常生活中很自然的存在，因此人们很少停下来想一想它们为何如此普遍，又为何如此变化多端，对我们又有多么重要。在日常行为中，模型就像看东西和运动一样普遍，但正是这种普遍性隐藏了它的巨大复杂性。为了洞悉隐藏在熟悉表象下的本质，我们必须抛弃某些特定模型的特殊性，去探寻那些适用于所有模型的核心特征。如果能够抽取这些核心特征，我们就能够将它们融合成一个普适框架，并让它指导我们进一步的探索。如果没有这样一个普适框架，我们就会像分类学家或蝴蝶标本收集者那样，列出一大堆模型并标出它们所有的特性。收集模型和罗列它们的特性无疑是有价值的，但如果我们要想有条理地研究模型是如何帮助人类认识世界的，那就必须借助这样一种普适框架。

这个普适框架可以建立在两块基石——棋类游戏和数字之上。长期以来，它们已经成为人类文化的组成部分。

棋类游戏及规则

棋类游戏是人类的奇妙作品，在公元前 3000 年甚至更早的古埃及王朝就已经十分普遍。典型的棋类游戏是把棋子放在带格子的板子上，落棋和走棋时必须遵从一套规则。游戏规则对棋盘可能的状态做了限制：并不是所有状态都是合规的，只有符合规则的走法得到的新状态才是合规的。人们只需借助很少的规则就可以使一种棋类游戏变得和国际象棋或围棋那样复杂。尽管这些规则限制了许多棋盘状态的出现，但合规的状态仍有很多，而且从一个棋盘状态到另一个棋盘状态的路径也是错综复杂的。

　　棋类游戏是从简单的规则或规律涌现出复杂事物的一个例子，在传统的 3×3 井字棋游戏中，符合规则的棋盘状态就超过 50 000 个，而且战胜对手的方法也并非显而易见。4×4×4 的三维井字棋游戏就足以使成年人手忙脚乱了。国际象棋和围棋具有如此丰富的涌现属性，因此即便经过几个世纪的研究，我们仍对它们有着强烈的兴趣和好奇，并不断得到新的发现。这里所说的并不仅仅是大量的棋盘状态，经过多年的研究，许多新的走法和规律不断涌现，所以 21 世纪的高手能轻易地战胜 20 世纪的高手。

　　显然，棋类游戏的规则与逻辑规则有许多共性，因此与公理化和基于方程的科学模型有很大的相似性。现代很多发现都是在这种观察世界的方法指引下实现的，而这些发现也证实了很多现代科学的观点，从原子和基因到超导性和抗生素莫不如此。数学模型提供了一种非同寻常的方法，帮助我们发现那些无法预期的领域。为什么像数学这样的抽象建模技巧那么有效？这依然是科学家们经常提及的一个未知问题。当把这个问题放在游戏和规则中研究时，我们就可以揭开它的神秘面纱了。

忽略细节的数字

　　从根本上说，数学依赖于数字。数字也是一个既熟悉又神秘的概念。数字可能是具体化的最佳体现。毕竟，没有什么比"停车场有 3 辆公共汽车"和"我有 2 个孩子"的说法更具体了。但是，如果仔细研究数字，就会发现它是源自抽象的：数字舍弃了一些细节。

数字几乎删去了我们所能想到的所有细节。当我们说到数字时，除了物体存在这一事实以外，它的形状、颜色、质量或其他任何用以标识自身的属性都不存在了。换句话说，即便是不同物体的集合，只要它们各自包括的物体数量相同，那么仅从数字这个方面考虑的话，这两个集合是完全等同的。也就是说，3 辆公共汽车、3 只鹳、3 座山是对数字 3 完全等同的"实现"。

忽略细节是建模的本质。模型必须比与之对应的实物简单。在一些科幻小说中，你会看到某种和实物完全相同的模型这类有趣的设定，比如博尔赫斯的小说中提到的根据真实世界等比绘制的地图（Borges, 1970）。然而，现实中是不会有这样的模型存在的。即使是在虚拟现实领域，其底层模型也遵循同样的规则，即计算机里的模型只是一种对真实事物的简洁描述，虚拟世界中的细节都是在这个简洁描述的基础上产生的。也许有一天虚拟现实会非常接近真实事物。

当然，我们可以改变舍弃的细节。对于"红色"这个概念来说，所有具有这种颜色的事物都是等同的。同样，当创造"树木""祖母""飞机"等概念时，我们也去掉了大量的细节部分。例如，一棵树可以有许多细节，像叶子的形状或者枝杈的分布，不同种类的树在细节上也有很大变化，比如橡树和松树。但是，所有那些包括树的场景还是有一些共性可循的，正是凭借这些共性我们才能够构建出"树"这个分类或者说模型。这同样适用于像"我的朋友爱丽丝"这样具体而唯一的事物。只不过在这个场景下，衣着、发型、长相等许多细节都保留下来了，以便我们能够识别她这个人。通过有选择地忽略某些细节，我们就能够得到在现实世界中反复会用到的积木块。

熟悉的积木块

任何人都能够很轻松地把不熟悉的场景加以分解，从而得到熟悉的物体——树、建筑物、汽车、其他人、特定动物等。到目前为止，计算机还无法模拟这种把复杂现实场景迅速分解成熟悉的积木块的能力。这项任务太复杂了，依靠蛮力是不能实现的。尽管计算机在速度上有无可比拟的优势，但我们至今还没有制作出较为合理的计算机模型来模拟人类的这个解析过程。缺乏这种模型肯定和我们对环形神经网络的活动缺乏足够的认识有关，所以这种神秘性就延伸到了一个更为广阔的领域。

不论这种解析过程具体是怎样进行的，我们肯定能用少量的积木块来构建或重建复杂的场景和配置。如果想一想看见物体的过程，我们就会理解为积木块赋予特征的重要性。外部场景在我们眼睛里上百万个视觉细胞上的真正投影没有两次是完全一样的，但每个场景总会同以前出现过的某些场景部分相同。从小到大，我们识别和对这些共同元素（积木块）进行分类的能力越来越强。而且，由于我们一次又一次地看到这些积木块，所以才能轻易地抓住它们的本质，了解到相关的细节。在更高层次上，同样的理论也可以用来解释更为复杂的表述现象：人们将几千个被称为单词的积木块串在一起，以此来表述各种各样的事物和观点。正是因为这种识别和利用积木块的能力，我们才可以认识并理解甚至预测周围不断变化的世界。

发现积木块是一项永无止境的任务。尽管我们可以掌握的积木块的数量，要比这些积木块可构成的构造物数量少得多，但我们总可以设法获得更多的积木块。其中的一项技巧就是简单精细地分类，从较一般的分类到更具体的分类。小孩子可能分不清牛和马，将它们都称为"像马的动物"，但有经验的农民却能辨别出不同种类的牛，并且知道其中的某一头叫作贝齐的奶牛在挤奶时会变得躁动不安。有经验的露营者会通过观察新翻乱的叶子或移动了位置的鹅卵石来辨别动物的踪迹，从而获得新的积木块，或在北极徒步过程中通过辨别不同类型的雪，来获得新的积木块。有时，积木块会显著增加。在大多数的人类活动中，重要的新积木块的发现往往会引发一场"革命"或开辟一个全新的领域。美术中的透视概念和科学中的引力概念就是两个很好的例子。

日积月累，人们越来越清楚应该抛弃什么细节。我们甄别出那些对理解和处理某些情况来说无关紧要的事物，并相应地完善积木块。另外，我们还学会了利用规则或定律来推演积木块随着时间的推移会如何改变或重组。也就是说，我们可以通过建模让模型帮助人类预测未来。我们甚至会改变一些设置或参数，重新推算，以便观察可能发生的情况和避免"跌落悬崖"。显而易见，人们在复杂的棋类游戏中使用了多种模型，不过模型在其他情况下也都发挥着作用，比如日常生活中由于道路施工必须改换回家的路线，或者复杂的科学假说的产生过程。

到这里，我们对建模过程和模型的普遍性已经有了更深入的理解。通过删除细节得到积木块，并且遵循限制条件将积木块进行组合，是获得建模过程的普适框架的关键因素。我们接下来将更深入地研究它们。

抽象且具体的计算机模型

计算机模型把棋类游戏、数字和积木块表现的主题很好地结合在一起。为了在计算机上实现一个模型，我们首先要确定这个模型主要的组件，即模型的积木块，接着在计算机中实现这些组件，方法是编写被称作子程序的一系列指令集合。最后，在计算机中将这些子程序根据相互作用的方式组合起来，产生一个完整的程序，新产生的程序定义了这个模型。这样，决定模型行为的那些规则就在计算机上实现了。

计算机模型同时具有抽象和具体两个特性。这些模型的定义是抽象的，同数学模型一样，是用一些数字、数字之间的联系以及数字随时间的变化来定义的。同时，这些数字被确切地"写进"了计算机的寄存器，而不只是用符号来表现。此外，这些数字能够完全按照计算机的指令明确地进行操作，就像在磨坊中磨制面粉一样。我们能得到这些操作的具体记录，这些记录与详细的实验记录十分类似。这样一来，计算机模型就同时具备了理论和实验两大特性。当然，这种抽象和具体的结合既有优点，也有缺点。

起初，人们没想到各种各样具体的事物和过程居然能通过数字和数字操作表示出来。计算机模型和数学模型都具有这种十分神秘的能力。例如，我们可以利用数字技术来模拟飞机飞行，比如某架飞机正在芝加哥上空飞行，并且给它设定一种特定的天气状况，比如在雷暴雨中飞行。这种类型的数字模拟已经十分普遍，甚至在家用计算机上就能实现飞行模拟。我们还可以进一步制造出成熟的工业级别的飞行模拟器。即使是那些有经验的飞行员，在模拟器设定的紧急情况下"飞行"时，也会有身临其境、异常紧张的感觉。这是如何实现的呢？我们将在本书后面直面并解决这个神秘的问题。

EMERGENCE

第 3 章

地图、博弈论
与计算机模型

FROM

CHAOS TO

ORDER

地图很适合帮助我们更深入地理解数字和模型之间的关系。地图以很直接的方式忽略了细节，并且和游戏一样，都是人类最早的模型。而且，我们的长远目标——找到涌现过程的普适框架，也正是某种形式的地图，所以对地图的深入理解将有助于我们明确这个目标。

我们先来考虑一幅简单的地图，如一幅交通图（见图3-1）。如果一幅交通图具有大多数州级交通图的细节完备程度，那么市、镇、村等居民中心就会在图上用不同尺寸的圆点或正方形来表示，连接这些居民中心的道路则会用不同颜色的线段表示，不同颜色表示不同的道路等级。交通图上也许还会显示一些湖泊或河流，但一般说来，这类图的显示重点是居民点和道路。在交通图上，有两类关系被保留了下来。

- 居民中心和图上的圆点呈一一对应关系，每个市、镇、村都用图上的一个圆点表示。

- 地图上的每个圆点都放在恰当的位置上，也就是与它所表示的居民中心在州中的实际地理位置一致。那些在州内距离较近的大型城市，在地图上用相互靠近的较大圆点表示，而靠近城市边界的某个小城镇，在地图上会用一个靠近边缘的小圆点表示，等等。但是，所有的距离都按比例大大缩小了，因此现实中相距 32 千米的两个城市在地图上可能仅仅相隔约 5 厘米。地图上的弯路、直路、道路的交叉关系也都按相同比例缩小了。

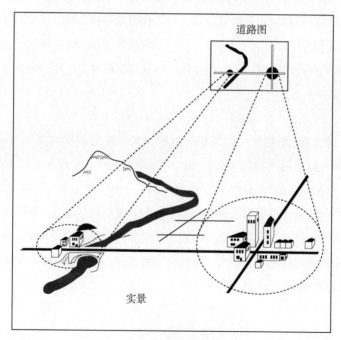

图 3-1　道路图模型

略加思索就会发现，这类交通图上保留的具体细节很少。我们行车时所看到的景物在地图上基本上都没有呈现出来。地图甚至忽略了那些小的弯道和小的转弯，因为它们同道路的大方向相比太小了，在地图上根本表现不出来，更不用说那些小城镇的景致细节了。在地图上保留下来的只有在正常情况下从一个地方到另一个地方重要的道路信息。道路建设施工和一场暴风雨都能使地图所提供的路线失效。

显然，比例在绘制地图的过程中扮演了重要角色。当我们把视野从地图扩展到其他类型的模型时，比例同样具有很大的作用。我们马上就会讨论被称作"比例模型"的一大类模型，如轮船模型、铁路模型、飞机模型等。尽管像拉什莫尔山这样的雕像模型可能是按比例放大的，但大多数雕像和有代表性的雕塑却常常比现实中对应物的尺寸要小。但是，如果我们更深入地研究，就会发现比例在其中的作用很小或根本不起作用的另一类模型。按比例缩放只是一个更深层次概念的特例，这个概念就是**对应性**（correspondence）。

当我们制作比例模型时，对应性是自动保持的，然而保持对应性并不一定需要按比例缩放。在利用对应性来构造模型时，我们先选择需要表示的细节或特征，然后开始构建模型，以便使模型的某些部分同现实对应物的每个细节都一一对应（见图3-1）。想一想制作蛋糕的食谱。它就是对实际制作蛋糕的整个过程的建模。食谱中的每一个步骤，如加一勺糖，都同现实中某个复杂动作相对应，这个复杂动作往往包括了一系列的实际动作和测量。

　　塞缪尔的国际跳棋模型正是这样的一个例子。该模型并没有引入比例。在这里，对应性体现在游戏特征同计算机程序中相应部分之间的对应。例如，与"领先棋子数"这个特征对应的是计算机中实实在在运行的一段计算棋子数量的指令。我们将在后面的章节中详细论述棋类游戏特征和计算机子程序之间的对应性，而在这里先做一些基本介绍。

　　借助符号，我们能更好地解释对应性。用 $X=\{x_1,x_2,\cdots,x_n\}$ 代表被建模细节的序列，用 $Y=\{y_1,y_2,\cdots,y_n\}$ 代表模型中与这些细节相对应的模型构成要素的序列，那么我们只要简单地将这两个序列整齐地排列在一起 $\{(x_1\leftrightarrow y_1),(x_2\leftrightarrow y_2),\cdots,(x_n\leftrightarrow y_n)\}$，便可以表示其中的对应性。用数学方法表示，就是一个一一对应的函数 $f: X\rightarrow Y$，这个函数将所描述对象的细节映射到模型的构成要素上。左边的对象（x）叫作这个函数的**自变量**（arguments），右边的对象（y）叫作**函数值**（values）。有趣的是，工程技术术语**制图**（mapping），在数学中被用来精确定义函数，对应的概念为"映射"。函数或映射的概念，是许多数学领域的核心概念。因为模型的构建依赖于这种对应性的建立，而函数概念的引入让我们得以掌控建模的精确性。这样一来，我们就可以借助这些重要的数学工具，对涌现系统建模。

　　我们没有必要做更多的数学研究，就可以领会用函数来讨论模型的好处。引入数字可以提高模型的清晰性和精确性。要描述"经济状况"，可以用某种修辞术语，比如说"生产部门很吃紧"；也可以用报纸上常用的图表来描述。它们的效果截然不同。图表能描绘国民生产总值随时间的变化，例如，把代表生产总值的货币金额同相应的年份一一对应起来（见图 3-2）。这样的数与数的对应也是一种函数关系，它的精确性足以让我们判断趋势，做出预测。

我们在周围的现实世界和各种仪表的实时读数之间建立了一种对应关系。例如，轮胎气压计的读数对应轮胎的充气量。就连日历也是这样一种工具，同报纸上的图表一样，它将流逝的时间信息转换为数字表示出来。正是这样的转换机制使各种仪器成为实验科学的核心角色。利用这些仪器，我们才能够为所研究的现象建立数字化的模型。因为计算机本身是一种处理数字的仪器，这种将现实世界进行数字化的转换正是建立计算机模型的关键。

函数和对应性之间的这种关系，还为我们提供了建模过程中剔除细节的一种方法。国际跳棋程序中的特征就是这样的一个例子：许多棋局对应同一个特征值。比如，对手比机器棋手多一枚棋子的特征，可能会在很多不同的棋局中出现，这是一种**多对一**（many-to-one）的对应关系。定义这种对应关系的函数是将同一个数值赋予多个不同对象。用刚刚介绍过的准确术语可表示为：多个不同的自变量对应同一个函数值。在建模过程中，我们可以利用多对一的函数将多个细节不同的对象映射到模型中的同一个要素值上。

用对应关系表示

世界出口额

x/（年份）	f(x)/（万亿美元）
1950	0.4
1960	0.7
1970	1.3
1980	2.3
1990	4

用图形表示

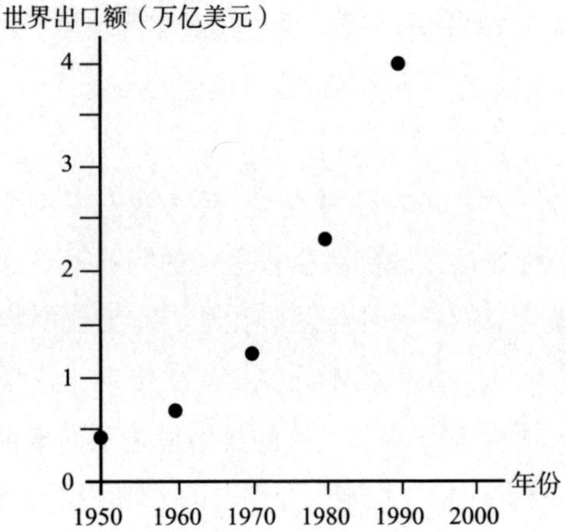

世界出口额（万亿美元）

用方程表示

$f(x)=0.4 \times 10^{(t/4)}=$ 当 t 为 $(x-1950)/10$
并且 x 表示年份时，
t 点的世界出口额

图 3-2　函数和对应关系

博弈论

我们已经知道在地图和游戏之间存在着紧密的联系。由于很多棋类游戏的棋盘看起来和地图有些相似，所以人们对地图和游戏的这种紧密联系并不特别意外。事实上，这两者之间的联系要比我们最初猜想的更密切。博弈论对这种深层次的联系进行了清晰的论述，这将对普适框架的建立有很大帮助。

虽然棋类游戏非常古老，而且几个世纪以来，随机博弈在概率论的发展中扮演了重要角色，但是直到 20 世纪上半叶，真正意义上的博弈论才建立起来（von Neumann, Morgenstern, 1947）。从建立的那天起，博弈论就深刻影响着很多其他领域，如统计学、信息理论，特别是经济学，还包括近年来跨学科研究所产生的演化博弈论（Maynard-Smith, 1978; Axelrod, Hamilton, 1982）。博弈论的细节超出了本书的范围，但其中的几个概念对我们目前的讨论很有帮助。虽然这些概念中的大部分同样适用于随机博弈模型，但我们在这里分析的是非随机博弈模型，如国际跳棋、国际象棋和围棋。

状态

第一个概念就是**博弈的状态**（state of the game）。对于棋类游戏来说，状态就是指在下棋过程中任意时刻棋盘上所有棋子的布局。从那一刻开始，这盘棋的下法只取决于当时的棋盘布局，而不是取决于这个布局是怎样演变而来的。当然，有极少数的例外情况存在，如国际象棋中的王车易位和双陆棋中的转换倍率，但是这些例外也都可以通过增加一枚辅助棋子的方式解决，如双陆棋中的加倍骰子。简言之，在博弈过程中的任何时刻，博弈的状态是该时刻以前博弈过程的结果，这个结果具有足够多的信息，能够决定将来所有的可能性。在这里，博弈的状态同物理系统的状态非常相似。例如，我们用压力、温度和体积来记录装有压力气体的容器的状态，如车胎或潜水箱的状态。如果这时在容器上刺一个洞，下一步所发生的情况仅取决于上面所记录的状态。一个系统的状态确定下来以后，其未来的变化仅仅取决于它当前的状态。

一个棋类游戏中的**状态空间**（state space）指的是，在游戏规则的限定下，棋盘上所有允许出现的布局的集合（见图 3-3）。在这里，"在游戏规则的限定下"这个限制条件很重要（见图 3-4）。在国际象棋中，棋子被放置在棋盘上的方式是多种多样的，但在游戏规则的限定下，只有一小部分的布局是合规的。例如，在国际象棋中，"象"按规定只能从其开始所在的方格移到具有同一颜色的方格中，也就是说，它只能在棋盘上斜向移动。而且，任何一方的两个"象"开始时都要放在不同颜色的方格中。根据这两条规则我们马上就能够知道，任何情况下，同一方的两个"象"处于同颜色方格中的状态都是不符合规则的。更要注意的是，一个棋类游戏的初始布局是由游戏规则指定的；在游戏规则限定下的棋子重新布局就产生了游戏过程中的一步走棋，通常是移动一枚棋子。这样连续的走棋就是游戏的过程。这些在既定规则下

得到的棋盘布局（状态）的集合就构成了博弈的状态空间（见图
3-5 ）。

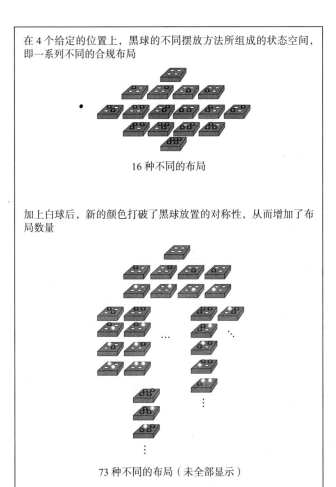

图 3-3　一些简单的状态空间

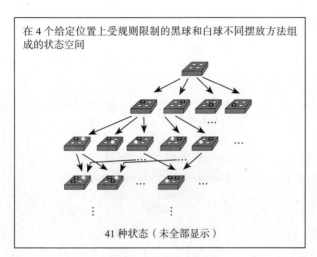

图 3-4　合规的布局

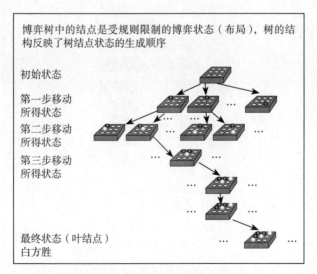

图 3-5　井字游戏博弈树的一部分

博弈树

对本书而言，博弈论最重要的概念就是**博弈树**（tree of moves）。树的**根节点**（root）是博弈的初始状态，第一层分支通向的节点，就是那些从树的根节点所表示的初始状态进行一步博弈动作后所能得到的所有状态。在第一层节点上的分支（第二层分支）通向那些从树的根节点所表示的初始状态进行两步博弈动作后能得到的状态，如此依次向下直到树的**叶节点**（leaves）。树的叶节点表示博弈的最终状态。叶节点同时也决定了博弈的结果。正是从根节点到叶节点的连续的路径选择，使得博弈过程丰富而有趣。

相对于那些专门为理论研究而发明的小游戏，真正的棋类游戏的博弈树或多或少总会比树型结构要复杂。在博弈中，不同的分支可能通向同一个状态，于是可能的状态会比分支数量少，这与传统的树的概念不同。比如在国际象棋中，如果我们先移一步车，然后再移一步象，可能会得到与先移一步象，再移一步车完全相同的棋局。尤其值得注意的是，很多分支可能通向同样的叶节点（最终状态）。在国际象棋中，许多不同的博弈序列都能以同一方式结束，如王被对方的后和车逼到角落里将死。这种额外的复杂性，对我们目前的讨论影响并不是特别大，但是为了避免不必要的歧义，我将着重讨论"博弈的方法"，而不是"博弈的结果"。

总而言之，真正的博弈要比传统的树更加错综复杂。即使分支规则很简单，叶节点（最终状态）的数量也会增长很快。事实上，正是由于这种复杂性，才使得博弈不可预测、魅力十足。设想一个棋类游戏，从初始状态开始，每一个状态只有 10 种可能的移动方式（分支）。如果这个游戏在移动两次之后结束，那么就会有 $10 \times 10 = 10^2 = 100$ 种不同的结束方式；如果博弈在 10 次移动之后结束，那么就会产生 $10^{10} = 10\ 000\ 000\ 000$ 种不同的方式。国际象棋常见棋局所用步数大约为 50 步，如果我们经过这么多步后结束博弈，就会产生 10^{50} 种不同的博弈方式，这个数字已经远远超过了组成地球的所有原子数量。

现在我们可以看到，只用少量的规则就可以定义一种复杂游戏，复杂到我们永远不能穷尽它的所有可能性。如果不考虑那些过早结束或那些有意重下从而加以讲解的棋局，那么即使我们把若干世纪以来进行过的所有国际象棋博弈的棋局都记录下来，也很难从中找到两个完全相同的博弈序列。正是这种恒新性，使国际象棋和围棋这类经典游戏，即使在经过了几个世纪的仔细研究之后，仍能不断地向人们提出新挑战。同样，井字棋之所以只有小孩子才玩，就是因为人们一旦认识它的固定博弈模式后，很快就能预测出它的所有可能性。

策略

在复杂的博弈中，博弈计划或者说策略，对于有效的博弈来说至关重要。大致说来，策略就是这样一种方法，它告诉我们如何随着博弈的展开而采取相应的行动，制定出一系列决策。博弈树为博弈策略的表述提供了一个精确的方法。在博弈的过程中所做的一系列决策在博弈树上留下一条路径（见图 3-6）。这样，根据决策序列在博弈树上所选定的分支，我们就能够定义出策略。在博弈论中，一个完整策略为每一个可能遇到的状态（棋盘上棋子的布局）指定了一个分支（下一个动作）。换句话说，**一个完整策略能够告诉我们在任何可能的情况下应该采取的行动**。需要注意的是，策略有好有坏。它仅仅是一些指令，描述应该采取的行动，也可能是导致失败的罪魁祸首。

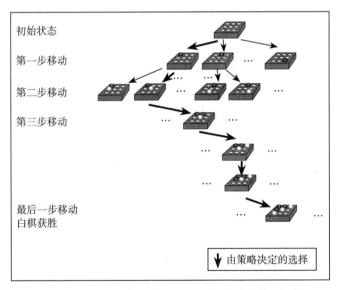

初始状态

第一步移动

第二步移动

第三步移动

最后一步移动
白棋获胜

↓ 由策略决定的选择

图 3-6　井字游戏中，相应策略在博弈树上确定的一条路径

函数在策略这个领域里也大有用处。我们可以使用函数来定义从博弈状态到策略所决定的动作之间的对应关系。函数先为初始状态指定下一步的动作，比如，"把从左边数第四个兵向前移动一步"；然后，在对手随之做出反应之后，函数为此时新的状态确定相应的动作，以此类推，直至博弈终结。对于每一个策略来说，都存在着描述这个策略的函数。

EMERGENCE

说得更正式一些就是，对于博弈状态集 S 中的每一个状态 s，特定的策略 g 都会为其指定在博弈树上处于该状态时应采取的动作。也就是说，策略 g 为博弈树上的每个状态 s 指定了它的后续状态 s'。对于每个状态 s 而言，g 只能在从 s 发出的多个分支间选择一个分支。博弈参与者可能会遇到不在状态集合 S 中的某些状态，在这种情况下，g 将会给出一个没有意义的"假设动作"。简言之，$g(s)=s'$。那么，策略就是这样一个映射 $g: S \rightarrow S$，根据这个映射，博弈的众多可能性会受到 S 中每个 s 对应的合规动作的限制。

多人博弈（multiperson game）是指有两个及以上参与者的博弈。在多人博弈中，我们分别为每个博弈参与者确定策略。一旦博弈各方都选定各自的策略，结果（博弈树的叶节点）便随之确定下来。这里不考虑随机选择的策略，比如说通过掷骰子确定动作。换句话说，各方策略的共同作用，就在博弈树上选定了一条路径，这条路径从根节点延伸到某个叶节点（见图 3-6）。

如果博弈参与者从一开始就确定了各自的博弈策略，那么博弈的精彩和悬念也就荡然无存了，只剩下一种机械式演练，最终结果也必将毫无悬念。但是，这个推理过程忽略了一个因素，即博弈中的任何一方都不知道对手的策略。每个参与者都可以预先做好准备，去应对即将出现的种种可能情况，但由于无法预知对手的动作，他们也就无法预知到底会出现什么情况。因此，虽然博弈结果已经由双方的博弈策略事先决定了，但每个参与者无法预测最终结果，哪怕是最初几步的结果也很难预测。对一个博弈参与者而言，博弈过程将会显得峰回路转、无法预料。

当不断重复同一个博弈时，人们将有机会逐步了解原本一无所知的对手的策略。以两人博弈为例，假定对手已经确定其策略，通过观察对手在博弈过程中重复出现的动作，就可以了解对手在博弈树上不同分支处的做法（选择）。利用这些信息，我们可以为对手的策略建立模型。由于存在着太多可能的策略，事实上无法通过试错的方式获得一个完全详尽的描述，所以建立的模型往往缺少许多细节。虽然如此，只要模型在某些方面正确，我们就能借助它更好地选择相应的策略。

这些观察结果同样适用于比棋类游戏更具普遍性的"博弈"中。让我们看看人和大自然的博弈，比如人们为了改进生态系统（大自然）而执行一项计划（策略）。即使大自然的运行确实遵循一套固定的规则（规律），但博弈的结果仍然是难以预测的。然而，经过长期的观察，我们就能够逐渐为生态系统及其针对人类活动所做出的反应建立模型。这也是许多科学研究通常采取的方式。

这里有两个主要问题需要深入研究。

1. 在现实情况下，我们并不能通过列举所有博弈状态以及为每种状态指定相应的动作来定义策略。即使是一个中等规模的博弈，它的状态数目也多得惊人。列举所有状态和相应动作，几乎是不可能实现的奢望。即使采用世界上最先进的计算机，即使这些计算机拥有足够的存储空间和运算速度，情况依然如此。前面我们曾经计算过博弈树的状态数目，这个数字大得惊人，以至于在可预见的未来都不可能有计算机能够存得下它们。对于这种情况，有些国际象棋博弈程序就是很好的例子。即使具有巨大的存储能力和运算速度，它们也没有使用列举所有状态及相应动作的方式来明确地表述博弈策略。相反，这些程序在博弈树上不断进行有选择性的搜索，而且会在博弈过程中不断变化搜索方式。这些程序只搜索了所有可能状态中非常小的一部分。

EMERGENCE

　　用数学语言描述就是，我们不可能采用为状态集 S 中所有状态 s 列出（状态，动作）对应关系 $[s, g(s)]$ 的方式，来明确定义策略。

　　事实上，人们也并没有使用明确的策略定义方式，而是通过一系列规则来定义策略，就像用规则定义游戏一样。这些定义策略的规则通常都是经验法则。比如国际象棋中的"构建坚固的兵形""控制中心""捉双"等规则。这些规则描绘了经常出现的博弈特征，并且和博弈过程中不同时刻的决策紧密相关。这些规则把博弈状态划分到不同的簇中，在某一特定的簇里，所有状态具有同一特征。这一特征提醒我们，当处于该簇中的某一状态时，就应该采取某个相似的决策或动作。通过这种方式，我们大大缩减了博弈树的规模，从而有可能得到一个可以控制博弈过程的整体策略描述。在第 4 章，我们将详细讨论塞缪尔的国际跳棋程序，从而清晰地展现这个过程。

　　如上所述，我们通过重复博弈，发现并组合积木块（经验法则和博弈特征），从而构建起了一种可行的策略。与列举所有状态以及相应的动作来精确定义策略相比，这个方法要可行得多。即使策略的某些部分很难用积木块直接描述，上述方法仍不失为策略建模的一个有效起点。这个观点是以如下假设为前提的，即对手的策略也建立在有限数量的积木块之上。

如果对手是大自然的话，并且假设我们是科学家，我们也会采取同样的办法。虽然我们还没有找到足够的证据证明宇宙运行确实依照某些可行的策略，但我们仍然尝试着建立关于宇宙运行规则的模型。爱因斯坦的名言"量子力学令人印象至深，但我相信上帝不掷骰子"，显然是一种信念的表达，而非观测结果。在科学研究和博弈游戏中，以上策略建模的有效性为这种积木块假设的合理性提供了部分佐证。万有引力定律、麦克斯韦方程组、门捷列夫的元素周期表，以及孟德尔的遗传规律，都为我们揭示了大量关于宇宙运行的规律。

值得注意的是，即使我们能够找出一套固定的策略，可以推演出自然界的众多可能性，仍然还会有未知和神秘的事情发生。例如牛顿方程，经过数个世纪的不断挖掘之后，我们仍然能够发现它所蕴含的新的可能性，而且万有引力定律显然也还远没有包含自然界所有的可能性。

2. 前面所提到的简化的假定，即对手遵循固定策略这一点，没有考虑博弈重复进行时可能发生的一种情况，即对手也是会不断学习的。有一个观点更实际，那就是所有博弈参与者都同时在试图为其他博弈参与者的行为建立模型。这样一来，情况就变得更为复杂了。即使是一个对博弈有着全局了解的观察者，他也和每个博弈参与者一样会遇到意想不到的事。尽管观察者了解初始策略以及每个博弈参与者学习过程的具体细节，他还是几乎不可能预测出博弈的整个过程。在参与者相互适应对方的博弈中，涌现以及恒新性是永远存在的。

初露端倪的涌现

对手之间会根据彼此所采用的策略进行动态博弈，因此有必要进一步研究受规则控制的系统中的涌现现象。在不考虑随机对策的情况下，一旦确定了博弈规则、决定玩家策略的规则以及策略变化的规则，计算机就能逐步确定博弈的全过程，并由此定义整个系统。即便如此，旁观者经过深入持久的观察，还是很难对下一步的动作做出预测。计算机中的策略相互对抗，根据与对手实战的经验不断调整。这种共同进化的过程体现出该过程的创造性：计算机不断进入先前没有观察到的对策树部分，博弈各方时而占据主动，时而陷入被动，博弈参与者彼此模仿，凡此种种。那么，到底是什么决定了涌现模式的规律性和可预见性呢？

这种情况下，预测虽有难度，但绝非完全做不到，一切都取决于预测所要求的细节程度。举一个气象学中的例子。没有两种天气状况在细节上是完全相同的，即使是较强烈的气象特征也不尽相同，比如锋面、气旋、喷气流等。即便具体到明天局部地区的降雨量，天气模型也很难给出精确预测。但对于人们的日常生活，天气预报还是非常有帮助的。它可以预测下雨、暴风雪肆虐的可能性，以及每日平均气温、5 日内平均气温以及降雨量。相比于使用往年的同期统计数据进行预测，根据天气模型进行预测，结果往往更为准确。

混沌理论（chaos theory）常常被用来解释天气预报和其他复杂现象研究中遇到的困难。简而言之，混沌理论是指，在规则明确的大规模系统中，局部条件的微小变化能够引起全局范围内长期行为的巨大改变，比如天气。举一个耳熟能详的例子，阿根廷上空的一只蝴蝶扇动翅膀，将导致全球范围内天气状况的改变。在某种意义上，以下说法是有道理的：如果我们能像数学家拉普拉斯（Laplace）所说的，能够确定世界范围内所有相关变量的所有值（Singer, 1959），那我们就能预测未来相当长一段时间内的天气状况。借助该模型，可以预测长期的天气状况，而不必理会蝴蝶是否扇动了翅膀。但事实上，这两种天气模式最终会相去甚远。

这个解释忽略了实际天气预测中非常重要的因素。气象学家并不可能知道所有相关变量的值，因此也就无法在细节上进行研究，或做出长期预测，因为这样一来不得不考虑混沌带来的影响。事实上，针对短时间内大规模气团的活动，预测是有效的。此时，蝴蝶或喷气式飞机产生的影响都可忽略不计。气象学家也不会试图使用较为久远的初始条件进行预测，如考虑蝴蝶效应的影响，而总是利用最新数据每天重新预测。这样，模型的状态持续与实际情况趋于一致，就无须考虑混沌理论的影响了。

我们由此可知，进行有效天气预测的关键，就是发现并应用产生天气现象的机制（积木块）。这种方法源于挪威气象学家威廉·皮叶克尼斯（Vilhelm Bjerknes）于 20 世纪初提出的"锋面"理论。有趣的是，皮叶克尼斯居住在挪威卑尔根，那里几乎终年下雨，预测天气轻而易举。后来，人们应用了更为复杂的控制流体流动的机制和方程发现了喷气流，并且认识到太平洋高压等远距离大规模现象可以用来指导长期预测，皮叶克尼斯模型因此不断得到改进。在计算机时代的早期，冯·诺伊曼大力倡导的计算机模型（Korth, 1965）也极大提高了天气预测的详细程度以及时间跨度。

如此一来，复杂性甚至混沌效应并不能妨碍我们研究涌现现象。同天气预报一样，深入理解的关键是确定机制及其描述的细节程度。在细节程度合理的情况下，模型的变动状态恰如博弈中的动态局势。用机制作为积木块，我们构建的模型就可以表现涌现现象。这种表现方式恰如博弈中彼此交互的策略，能够产生通过审视博弈规则而无法轻易预见的交互模式。机制相当于博弈规则，限定了可行的操作，同时也带来了无限组合的可能性。

即便在细节程度合理且有相关积木块的情况下，恒新性仍层出不穷。类似于博弈游戏，尽管定义非常简单，但复杂系统模型的状态空间却很大，模型极少甚至从不返回访问过的状态。即使是在已确定机制（规则）和初始状态的情况下，也是如此。这种恒新性使预测变得十分困难。如果基本机制具有学习或适应能力，那么预测的困难将会进一步增加。通过处理所选择的细节信息，我们通常能够抽取出复杂序列中重复出现的模式，比如锋面。当这些重复出现的模式固定地与一些有意义的事件联系在一起时，我们就称其具有涌现特征。有了普适框架之后，我们将更仔细地研究针对涌现的预测——何时、何地、何物。

动态模型

在上述讨论中，我们从比例模型这类静态模型说到具有变化状态的**动态模型**（dynamic model）。构建动态模型的目的是发现导致状态变化的那些不变的规律，这些规律大致类似于博弈规则。在博弈游戏中，规则决定了状态如何随着不同的棋步而改变，以及博弈参与者如何通过选择不同的棋步来影响博弈过程。至于天气系统，我们通常认为它是自治的，无须人类干预，或在尽管有人类干预的情况下也能自主运行。同样，变化规律确定一个状态序列：未来 8 小时、未来 24 小时后的天气状况等。如果我们有了有效掌控天气的手段，那么变化规律将可进一步确定这些控制手段是如何影响未来天气状况的。

建立动态模型时，我们必须确定合适的细节程度，以及相应的变化规律。但要构建出完全"忠于"被建模系统的详细模型并非易事。就以天气预测模型为例，"气温将不会高于水的沸点"这样的预测虽然可以让我们略感欣慰，但并不是我们需要的天气预报。

人们渴望得到更注重细节的预测结果，但这就涉及锋面、喷气流等天气特征的变化规律了。

　　事实上，在所确定的细节程度上，我们未必能找到简单的变化规律。建模的艺术恰恰就在于如何确定合适的细节程度，以便比较容易地找到简单的变化规律。后续章节将会对此进行详述。设定细节程度主要依赖于定义模型状态（见图 3-7）。各种棋类游戏的状态，可以定义为棋盘上棋子的布局；对于皮叶克尼斯的天气模型而言，状态是锋面、喷气流等在气象图上的布局。对于通常的动态模型来说，包含在模型状态中的特征和细节决定了模型的细节程度。

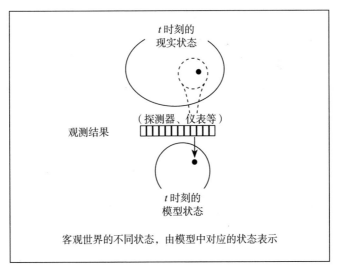

图 3-7　观测结果和模型状态

　　定义了模型的状态以后，我们的目标就是确定与该细节程度相关联的变化规律。**转换函数**（transition function）可以用来精确地表示变化规律（见图 3-8）。转换函数为每个确定的状态指定对应的后续状态，这个状态是指在变化规律的作用下，原有状态下一步将会到达的状态。当系统从外部接受输入时，转换函数为每一个状态和每一个输入生成不同的后续状态。换言之，由于输入不同，下一状态也会有所不同。因此，转换函数在每一对可能的状态（状态，输入）和相应的后续状态之间建立了对应关系。转换函数不禁让我们想起前面讲到的用来定义策略的函数，那里的移动对应此处的输入。再次以牛顿方程为例，牛顿方程借助转换函数定义了动力学，这个转换函数在质量和加速度（物体状态）与力（输入）之间建立了关联。

　　如果转换函数（定律）是"可靠的"，我们就能对不确定的未来做出预测。明确当前状态和输入，就可以确定下一状态，已知下一状态和输入，便可确定随后的状态，以此类推，直至无穷。这里体现出一个可靠的形式化模型所具有的巨大优势：仅仅通过重复使用转换函数，就能探究未知的种种可能。如果输入确定，转换函数就能充分、准确地预测未来。唯一的不确定性在于细节程度是否合适，以及转换函数是否可靠。也就是说，不确定性来自对模型的解释，也就是模型和现实世界之间的映射。

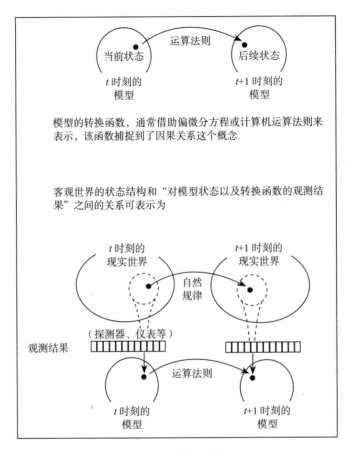

图 3-8 转换函数

这种预测能力,在建模和涌现之间建立了深层次的联系。模型的定义(转换函数)通常是简单的,但能够产生无限的序列和预测结果。一个好的模型,比如国际象棋,可以产生让人惊喜的有组织的复杂性,值得我们花上几十年甚至数百年去研究。这种复杂性甚至是建模者本人始料未及的，就像牛顿从来没想到，他的模型会被用于指导向火星发射火箭以及研究银河系的演化。如同拥有了杰克的魔豆，牛顿模型为我们开启了一个超越简单起点，通向奇妙世界的大门。

　　借助"可靠性"这个概念，我们可以从只能大致反映现实世界的博弈，跨越到那些能够准确反映客观世界的模型。这里，我们可以对"可靠性"进行简单而精确的定义：如果模型满足**图表的可交换性**（commutativity of the diagram），我们就说这个模型是理想的（见图 3-9）。如果完成某件事情的先后顺序与结果无关，我们就认为其满足可交换性。举个例子，先向右走一步再向下走一步，和先向下走一步再向右走一步，能到达的地方是一样的。加法是满足可交换性的：5+3=3+5。

　　为了在模型中应用这个概念，我们创建一个示意表：图的上半部分说明现实世界一个时间步长的变化，如未来 8 小时内的天气状况，图的下半部分显示了在所定义的变化定律（转换函数）的约束下，模型中一个时间步长的变化。我们可以在当下（图的左半部分）或随后（图的右半部分）对现实世界进行观测。每次观测都可确定模型的一个状态。对于每一个状态而言，先进行观测（向下），然后令模型执行一步变化（向右），同先等候现实世界运行一个时间步长（向右），而后进行观测（向下），两者的结果完全相同。

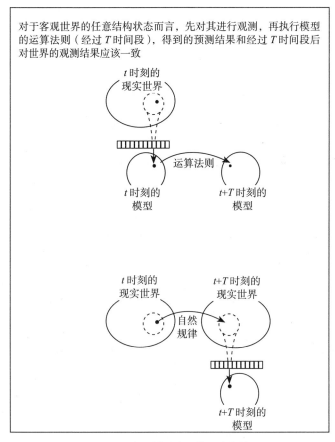

对于客观世界的任意结构状态而言，先对其进行观测，再执行模型的运算法则（经过 T 时间段），得到的预测结果和经过 T 时间段后对世界的观测结果应该一致

t 时刻的
现实世界

运算法则

t 时刻的
模型

t+T 时刻的
模型

t 时刻的
现实世界

t+T 时刻的
现实世界

自然
规律

t+T 时刻的
模型

图 3-9　理想模型中图的可交换性

　　此时，图表的可交换性成立，也就是说模型的变化规律能够正确预测出未来的观测结果。因为这个定义对于所有的状态都成立，就像前面提到的那样，我们能够重复这个过程，对不确定的未来做出预测。当然，即使我们只对某个界限分明的区域，如一项实验感

兴趣，也只能对现实世界的状态进行抽样。因此，在实践中，只能
近似满足理想模型所要求的"所有状态"，然而理想模型的概念为
我们构建所需模型提供了有价值的指导。

动态的计算机模型，研究涌现的利器

我多次提到，在动态模型的构建中，计算机模型发挥着关键作
用。在现代科学领域，计算机模型无处不在，广泛用于模拟传染病
大流行态势、太阳的聚变反应等一切该领域内的事物。对计算机模
型的进一步研究，有助于我们更好地理解动态模型。我在前文问
过如何利用数字以及数字的协同变化，来模拟一架喷气式飞机在
芝加哥上空暴风雨环境下的飞行情况。在这里，我想给出一部分
答案。

还是从状态这个概念出发。我们很自然就会想到的一个问题
是："我们所说的一架飞越芝加哥上空的喷气式飞机的状态，到
底是什么意思呢？"答案和飞行员驾驶飞机时所使用的信息密切
相关。

为了理解信息和状态之间的联系，先来看一个较为简单的系
统：轿车的仪表盘。从理论上讲，轿车仪表盘和飞机仪表盘并无本
质区别，只是前者更为简单罢了。从轿车仪表盘上，我们只能读取
驾驶时的一些数据，包括行驶速度、油量、发动机温度、蓄电池电

量以及油压等。这些数据在一定的细节程度上模拟出了汽车在行驶过程中所处的状态。如果获取更多的数据，就可以掌握汽车行驶时更为详细的状态，比如轮胎的气压、冷却液余量等。详细的状态信息有助于更好理解复杂模型。但驾驶经验丰富的人通常都知道，大多数情况下，如果想要开车，前面提到的那些数据已经足够了。

但喷气式飞机则要复杂得多，所以飞行员的驾驶舱里可谓装备齐全，有各种仪表、刻度盘以及警示灯等，以便提供飞机飞行时会用到的各种信息，包括飞机的飞行速度、所处方位、油量、发动机工作状况、起落架的位置，以及数百种其他数据。事实上，仅仅借助这些读数，飞行员就已经掌握了足够的信息，可以放心地驾驶飞机了。

无论是在汽车上还是在飞机上，这些仪器显示的信息要么是数字，要么是那些容易还原为数字的信号。警示灯的开关状态可以用 1 或 0 来表示，即使是复杂的方位显示也可以通过一些点（像素）的阵列来表示，这些阵列相应地也可以由 1 和 0 组成。换言之，我们可以很容易地把控制板上的信息还原为数字。这些数字存储于计算机的寄存器内，共同确定出模型的状态，正如棋子的布局定义了棋类游戏的状态一样。

把这些数字输入寄存器，我们就把模型的状态输入了计算机。然后输入指令（一段程序），使这些数字随时间按照转换函数定义的方式发生变化，这个过程相当于对博弈规则进行定义。寄存器内数字的变化方式，模拟了被建模对象的状态变化。通用计算机的**普适性**确保了由有限数量的规则定义的任何转换函数，都能够通过这样的方式被模拟。

就像在博弈中一样，这里我们将面临"选择"这个概念。司机或飞行员总可以做出不同的选择，比如让车或飞机的速度更快或更慢。再次借助状态这个术语来表示，即从任意状态开始，我们都能构建一个合规的选择树。在博弈中，这些选择是博弈规则所允许的合规移动。在驾驶汽车或者飞机时，这个法则是由大自然或技术决定的。执行一系列控制操作，就如同在博弈中选择一个棋步序列。在这两种情形下，我们都在概率树上选择了一条路径。

当这些数字和程序都存储在计算机内时，我们只需启动计算机，命令它开始执行相应的指令。回想一下电子游戏或者飞行模拟器。指令操作那些用来定义模型状态的存储数字，并逐步确定相应的结果。我们在仪表盘上看到的，是数字经过逆转换后的显示结果，这些结果刻画出所模拟机器的外观以及感觉。控制操作相当于在计算的不同阶段对程序进行输入。输入是通过键盘、电子游戏操纵杆或者飞行模拟器中逼真的控制实现的。这样，我们就得到了动态的计算机模型，这是对涌现进行科学研究的一个利器。

EMERGENCE

第 4 章

会学习的国际跳棋程序

FROM

CHAOS TO

ORDER

要想深入研究涌现现象，就会面临学习这个问题。现实世界里蕴藏着无穷的未知和新奇，我们需要努力尝试把从实践中积累的经验归纳到模型中去。我们学习如何行动、预测未来、运用模型来指导应对和处理各种情况。不知何故，通过学习，各种模型会不断地从我们所感知到的众多知觉中涌现。毫无疑问，对学习的进一步理解，将有利于人们对涌现现象进行深入研究。而塞缪尔的国际跳棋程序中的学习机制，将有助于我们进一步明确自学习和建模之间的关系。几乎没有比它更合适的模型了。

令人费解的是，机器学习长期不受重视，处于人工智能领域不被人注意的角落。直到近些年，情况才有所改观。这的确有些奇怪，因为大部分人都认为，一个不具备学习能力的有机体不是智能的。然而，在人工智能的大部分发展历史中，对于自学习的研究却一直未进入主流行列。塞缪尔于 1959 年对国际跳棋程序的研究，以及纳撒尼尔·罗切斯特等人对环形神经网络的研究工作（Rochester, et al., 1956），尽管完成于半个多世纪以前，却仍然属于机器学习研究的前沿领域。由于这两项工作开始于计算机时代的早期，因而无须过多考虑计算机语言、界面以及其他诸多因素的影响。它们的结构虽然比较简单，却有助于对那些具备学习机制的计算机模型展开进一步研究。在这一章，我们将集中研究塞缪尔的国际跳棋程序，下一章将围绕环形神经网络进行讨论。尽管这两个模型并不相同，但它们具备的重要共同特征，有助于形成涌现过程的一个普适框架。

在继续这个话题之前，先来看一个有趣的问题：塞缪尔建模的对象到底是什么呢？他并非试图模拟博弈过程中棋手的整个思考过程，而是在策略的层面上进行研究。塞缪尔精心挑选了建模所需的积木块，用它来描述和成功博弈相关联的特征，然后确定这些积木块的权重并予以组合，从而给出确定策略的种种方法。起初，塞缪尔对使用实践经验来修正和改进策略很感兴趣，并不考虑神经元或者神经生理学方面的因素。正是在这样的层次上，该模型模拟了学习过程。在第 6 章，我们将会看到在关于涌现和创新的基于主体的模型中，这些原理发挥着关键作用。

机器学习的困难

1955 年时，塞缪尔已构建出一个可运行的模型，让人印象深刻。尽管人们经常引用塞缪尔于 1959 年发表的关于该模型的论文，但很少有人对其基本理念展开详细论述。事实上，他的基本理念并不属于常规的人工智能范畴。然而，塞缪尔的国际跳棋程序为他的研究理念做出了具体且精彩的诠释，这些理念对于理解涌现现象非常重要。

　　为什么说这些理念重要呢？我们先来看看塞缪尔开始尝试研究机器学习时遇到的一连串相互关联的问题。

- 程序化的机器棋手必须处理博弈过程中无穷无尽的未知与新奇。

  在博弈过程中，可能出现的棋局是多种多样的，我们无法对可能遇到的每种棋局做出反应，进行编程。

- 在无法及时得到反馈，从而判断所选择的棋步是否正确的情况下，机器棋手必须学习如何在博弈过程中做出正确选择。

  在国际跳棋程序中，博弈结束时的胜负是棋手得到的唯一回报。博弈过程中大部分情况下，我们很难判断哪些棋步是制胜奇招。也正因如此，博弈才妙趣横生。随着博弈的推进，大量信息不断浮现：棋子的移动、形成的棋局等。无论怎样，机器棋手必须通过这些信息来实现子目标，比如拥有比对手更多的王，以争取更大的获胜概率。

- 机器棋手必须学习掌握一些提前布局的招数，从而使后续博弈局势明显对自己有利。

  要在博弈中取得胜利，布局非常重要，设"陷阱"就是一个典型的例子，它为后面走出明显的好棋提供了可能，比如三连跳。通常，有经验的棋评家能够描述出那些决定棋局的"陷阱"或者其他使棋局发生转变的关键步骤。但是，无须棋评家的帮助，任何人类棋手都可以掌握和运用这些知识。机器棋手必须能够模仿这个过程。例如，它必须识别出那些后续能够促成有利局势的布局和招数。

● 机器棋手必须为对手的行动建模。

若想赢得博弈的胜利，机器棋手必须能够预测出各种情形下对手的最佳选择。

塞缪尔希望他的程序能够利用从博弈过程中获得的经验，学习解决上述交融在一起的难点。精彩博弈的涌现正是塞缪尔研究的目标。

塞缪尔的解决方案

了解了这些问题，现在我们来看看塞缪尔采取了哪些措施来解决它们（见图 4-1）。我会先简单描述他的每个观点，然后详细介绍他的每个观点如何转化为对应的技术，从而使机器棋手克服上述种种障碍。

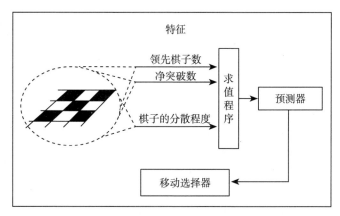

图 4-1　国际跳棋程序的解决方法

1. 他根据棋局具有的共同特征，分别把它们归并到若干集合里，以此来解决棋局种类纷繁所带来的问题。

"领先棋子数"就是一个典型的棋局特征。它是指在国际跳棋程序中，机器棋手比其对手多出的棋子数目。很多棋局可能都具备"领先一枚棋子"这种特征，也同样具有其他经过精心挑选的特征。与具体棋局不同的是，这些特征在博弈过程中反复出现。这样一来，受特征引导的机器棋手就不必再去处理那些无穷无尽的新棋局。正如建模一样，发现有用特征的关键在于剔除不相干的细节。这些选定的特征就相当于建模所需的积木块，机器棋手可以借助它们重新构建遇到的一些重要棋局的关键特征。

2. 机器棋手并没有得到针对某一步具体走法的有价值提示，它是通过如下步骤进行学习的：a. 预测某个行为过程（走法）产生的影响；b. 如果在采取相应的行为后，预测没有得到证实，那么就修正所采取的行动。

这种"根据失败的预测进行修正"的办法，并不需要在每一步之后由专家面授机宜。这显然是一种很自然的学习方法。然而实现这个想法却需要敏锐的洞察力。塞缪尔的技巧是，使用不同较短棋步序列终结状态的特征，来预测这些终结状态的值。比如，经过 4 步之后，棋局发生了变化，"领先棋子数"这个特征值由 0 变为 2，那么这一棋步序列将被赋予较高的预测值。一旦做了预测，经过比较以后，通向最佳预测结果的棋步序列将会得到执行。如果预测与实际结果一致，那么这个预测就是有效的。反之，相应特征在未来的预测中将会被赋予较小的权重。因为当类似情况再度发生时，这些特征无益于策略的选择。随着经验的不断积累，顺利经过这些"降级测试"的特征将会产生"满意的结果"。它们成为博弈过程中机器棋手所寻找的子目标。

3. 为了便于实施设局的招数，塞缪尔再次使用了预测技术。他为这些设局招数的特征赋予一定的权重，使它们能够预测出博弈终点的"最佳结果"。

设局的走法可以概括为一种看似无用甚至是自寻死路的走法，却是通向既定目标的最初一步，这种走法非常精妙。例如，机器棋手可能会"牺牲"一枚棋子，以换得随后的三连跳，从而使"领先棋子数"这一特征值增加 3。设局招数的特征和确定明显有利的走法的特征，并不是密切相关的。从一定位置开始，提前预测即将展开的博弈序列，即**展望**（lookahead），我们有可能发现设局的招数。只有在假定对手总是做出最佳选择的前提下，进行的相关预测才是有意义的；否则，预测将是危险的。显然，这种方法涉及随后要讲到的技术：为对手建模。一旦选定了棋步序列，塞缪尔的程序就会为那些预测出有利结果的初始状态特征赋予较大权重。

4. 在为对手建模时，塞缪尔的方法简单又巧妙。他假定对于优势特征以及有利的走法，对手有着和机器棋手一样的认识。

为了实现这一设想，塞缪尔的国际跳棋程序假设对手完全了解同样权重的特征，并且能够采取机器棋手针对这些特征而采取的所有措施。如果机器棋手占据优势，对手的模型则会避免做出过于乐观的预测。最终，这个方法引出了著名的**最大最小策略**（minimax strategy）：使对手可能带来的最大破坏最小化。

对手的**自定向建模**（self-directed modeling），是塞缪尔的研究成果中最经常被其他研究者忽视的部分。这可能是由模型的形式所导致的。该模型是一个函数，是通过为特征赋予表征其重要程度的权重而形成的函数。**感知机**（perceptron）诞生于 20 世纪 60 年代，用以进行模式识别，它就是基于类似的赋权特征函数设计制造的。感知机的能力非常有限（Minsky, Papert, 1988），在人工智能领域并没有得到重视。有的研究者可能因此推断，不管塞缪尔的尝试多么卓有成效，感知机的缺陷会同样出现在他为对手建模的过程中。这个推断肯定是错误的。在塞缪尔的研究工作中，这个赋权特征函数发挥着完全不同的作用：它定义了策略。

具有为对手策略建模的能力，是塞缪尔的国际跳棋程序成功的关键。正是这种非凡的能力使程序的学习机制运行起来。机器棋手不断积累经验，持续改进对手策略的模型。如今，由于我们不断尝试对市场、生态系统、免疫系统等适应性主体系统进行研究（Cowan, et al., 1994），因此为对手策略建模显得更具吸引力。在国际跳棋程序中，这些主体在获得的经验基础上，不断改进它们的策略，由此而产生的复杂性和塞缪尔面临的问题相似，而机器棋手的设计为理解这些复杂性提供了途径。

下面，我们重点讨论塞缪尔对权重的处理。

评估棋局

如何通过赋权的特征来确定策略呢？在博弈过程中，棋手们遇到的大多数棋局都很难再次遇到，有些恐怕他们终生都无法再遇到了。当然，开局和终局除外。为应对棋局的这种不可穷尽性，塞缪尔设计出能够刻画大量棋局的特征。比如，前面介绍过的"领先棋子数"这一特征，即机器棋手拥有的棋子数与对手的棋子数之差。显然看一眼棋盘很容易确定这个数字。我们认为"领先棋子数"相同的棋局，比如领先一子，具有相同的该特征值。所有其他特征具备同样的属性：大量不同的棋局被归并到同一个集合里，如同我们可以凭借一个数字把具有该数值的所有对象归并到同一个集合里（见图 4-1）。这些集合不同于数量庞杂的棋局，它们会在博弈过程中反复出现，由此便获得一种可行的方法，从而摆脱棋局本身的不可穷尽性带来的困扰。

寻找与赢得胜利紧密相关的特征似乎是自然而然的事情。"领先棋子数"明显具备这样的特征。而且对于任意棋局，我们都可以轻而易举地确定其领先棋子数。机器棋手只需计算出自己拥有的棋子数，然后减去对手所拥有的棋子数即可。博弈开始时，"领先棋子数"的值为 0，因为此时博弈双方的棋子数相同。随着博弈的继续，该特征值可能为正，比如 +2，也可能为负，比如 -3。在前一种情况下，机器棋手比对手多 2 枚棋子，在后一种情况下，它比对手少 3 枚棋子。

塞缪尔设计了一个重要的特征数组。这个数组包括和胜局紧密相关的特征，如"领先棋子数""领先的王数"等；也包括和领先局势相关的其他特征，如"越过中线的净突破数"，以及有些看似随意的特征，如"中心力矩"[1]或者"棋子相对于中心的分散程度"。对于某个棋局来说，每个特征都有一个固定的数值。

---

① 棋子距离中心越远，力矩越大。

当然，在评估棋局的特征值时，并非所有的特征都同等重要。为此，塞缪尔根据特征的重要程度为它们赋予了相应的权重。例如，"领先棋子数"的权重可能为 50，而"中心力矩"的权重可能只有 2。那么，如果在某个棋局中，"领先棋子数"的值为 1，"中心力矩"的值为 4，则相应的特征值分别为 50 和 8。把所有特征值相加，我们就能知道这个棋局的总体情况。特征值之和越大，对应的棋局越有价值（通向胜利）；如果是负数，则要尽量避免出现这个棋局。这种为每个棋局赋予一个单独数值的方法叫作**评估函数**（valuation function），用 V 表示。

并非所有的预估都是有效的，评估函数 V 也有可能产生误导。如果预测是有效的，那么特征一定是经过精心挑选的，相应的权重也是合理的（见图 4-2）。我们稍后将会看到学习机制如何通过操纵 V 中的权重，改进预测值。

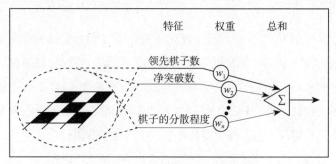

图 4-2　国际跳棋程序的评估函数

　　当我们讨论国际跳棋程序，以便随着博弈的展开而改进评估函数，或者随后对国际跳棋程序和神经系统中的涌现现象进行比较时，了解评估函数精确的数学形式是大有裨益的。作为评估函数的组成部分，这些特征本身就是函数。也就是说，它们把博弈的状态 S（棋盘上棋子的布局）映射到一些数值的某一集合中，如实数集 R：

$$v: S \rightarrow R$$

　　其中，$v(s)$ 表示棋局 s 赋予特征 v 的值。塞缪尔有代表性地选用了大量特征，为了有所区别，我们用 v_i 表示第 i 个特征。当有 32 个特征时，下标从 1 到 32，记作 $i = 1, 2, \cdots,$ 32。如果特征数目不能提前确定，我们设其为 k，用符号 $\{v_i: S \rightarrow R, i = 1, 2, \cdots, k\}$ 来表示由 k 个特征组成的集合。塞缪尔的评估函数 V 仅仅是特征值的加权和，因此对于一个棋局 $s \in S$ 来说，其值 $V(s)$ 通过下式获得：

$$V(s) = \sum_i w_i v_i(s)$$

　　这里 w_i 是第 i 个特征的权重。$V(s)$ 的值是从棋局 s 开始所能得到的最好结局的预测值。

从评估到策略

到底 V 是如何确定策略的呢？前面提到过，策略就是能为每一个合规棋局确定唯一棋步的过程。如果认为函数 V 为每一棋局的赋值是可靠的，那么对于每个棋步（分支），我们总是挑选那个通往最大值棋局的走法。简而言之，我们选择的棋步能够产生具有最大值的结果。在这个规则的约束下，由于 V 为每一个棋局确定了相应的棋步，所以 V 就确定了一个策略。

当然，策略有好有坏。我们选择的策略有可能总是导致失败的结局。如果对于一些特定棋局而言，V 是一个不成功的预测工具，那么当机器棋手选择这些棋局时，就总会做出错误的决定，选择错误的棋步。**塞缪尔为"学习"设定的目标就是，随着博弈实战经验的积累，不断改进预测以及相应的策略。**

机器棋手的学习过程

当实际结果与 V 做出的预测出现矛盾时，由此获得的信息成为塞缪尔的国际跳棋程序的"学习"素材。$V(s)$ 是棋局 s 的预测值，也就是说，$V(s)$ 是对从棋局 s 出发所能得到的最好结局的预测。如果经过若干步骤后得到棋局 s'，它的预测值 $V(s')$ 与 $V(s)$ 不同，那么机器棋手则认为预测有误（见图 4-3）。例如，假定 V 为棋局 s 赋值 $V(s) = +4$，从 s 出发，5 步后所到达状态 s' 的 $V(s')=-2$。显而易见，V 所预测的值和实际最终值不一致。

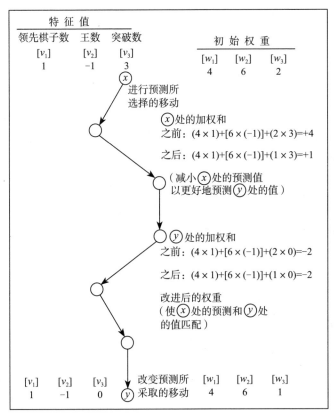

图 4-3　国际跳棋程序通过预测进行学习

　　塞缪尔采纳了一个常识，博弈越临近尾声，局势就越明朗。基于这个观点，在上面这个例子中，早前的预测 $V(s)$ = +4 的可信度要低于后来的预测 $V(s')$ = −2。为解决这个问题，对于先前的棋局 s，国际跳棋程序应该调整 V 的权重，使 $V(s)$ 为 −2，而非 +4。在未来的博弈中，如果国际跳棋程序遇到了特征值和 s 相同的棋局，那么它就会尽量避免这个棋局，因为该棋局的权重被赋予了负值。

当然，后来的预测 $V(s')= -2$ 也可能是错误的。但最终我们会面临这样的情况，即 s' 是博弈的终局。这时，国际跳棋程序就可以得到博弈如何终结的确切信息。V 被调整并赋予一个数值，我们能够确信该数值是根据正确信息得到的，能够真实反映博弈的实际情况。

如果不考虑细节信息，我们可以看到我们的目标就是调整 V，使其最终能够做出可靠的预测。当然，这种理想状态永远无法在实践中完全实现，但这的确提供了一个可靠的指导原则。国际跳棋程序在博弈过程中不断修正 V，以使先前的预测和后面的实际情况相匹配。根据该原则，当 s 临近博弈终局时，V 首先可以"稳定"下来。一旦 $V(s)$ 成为状态 s 处的精确预测，那么 s 就能扮演 s' 的角色，为前面步骤的调整提供可靠的预测值。反复多次，前面步骤的调整就可以逐步产生关于最终结果的可靠预测。也就是说，随着机器棋手不断积累经验，可靠的预测将博弈树的叶节点向根部移动。

我们很难证明，使用这个方法就能够得到确实有效的策略，比如最大最小策略，并且这个方法的应用还存在着一些困难（参见后面"改变权重，涌现能力的核心"部分）。但这个观点似乎是合理的，而且塞缪尔的研究也证明它在实践中行之有效。机器棋手不仅学会了连续击败国际跳棋高手塞缪尔，还学会了在决战中战胜冠军棋手。

如何使学习过程运转起来

关于机器棋手如何随着经验的积累不断改进评估函数 V 进行学习，我们已经有了一个通用的指导原则。但在实践中如何应用这个原则呢？

塞缪尔通过在开始时固定特征集 $\{v_i\}$ 简化了这个难题。换言之，他把特征当作机器棋手"感觉器官"中固定的部分。这种简化模仿了有机体中固定的感觉器官，它们只能对周围环境中有限的部分产生感觉，做出相应的反应。例如，灵长类动物只能看到一定波长的光波，看不见红外线和紫外线，只能听到 50 ~ 20 000 赫兹这一频率范围内的声波，它们只能对探测到的事物做出反应。同样，塞缪尔的国际跳棋程序只能对其特征集 $\{v_i\}$ 识别出的情况做出反应。这个约束使得整个学习过程变成了处理 V 的权重变化。

如果接受这个限制条件（参见第 5 章"状态与策略"部分），问题就更为具体了：究竟怎样修正权重？经过观察我们注意到，多数情况下只有少数特征具有非零的权重。比如，领先棋子数这个特征值只有在平局时才会被赋值为 0，如果一方在棋子数上领先另一方，则不可能出现平局。正是这些具有较大权重（正或负）的特征，刻画了某一特定棋局（状态）的特点。

当预测失败时，由于是那些具有较大权重的特征决定了预测值，因此它们必须"承担"预测失败的责任。试想在一次博弈中，棋子的"中心力矩"这个特征一直具有较大的特征值（比如3），但在当前棋局中却突然获得一个较小的特征值（比如0），那么这个瞬时特征会导致机器棋手做出过于乐观的预测，致使它落入陷阱。在这种情况下，国际跳棋程序能够通过减小该瞬时特征的权重，来避免这个问题。这样，瞬时特征在早先棋局中对V的作用将会被削减，但是当前棋局对应的V值将不会有多大改变，因为它已经具有一个较小的特征值。通过这种方式，V在早先棋局中做出的预测将逐渐与在当前棋局中的预测相一致。对于在早先棋局中其值为绝对值较大的负数的那些特征，我们也可以得出同样的结论，它们在当前棋局中也会具有绝对值较小的特征负值。

　　一般来说，那些先前具备较大权重后来具有较小权重的特征，都和预测失败相关。正确的做法是，改变这些相关特征的权重，使早先的值接近于当前值。这是唯一的方法！

EMERGENCE

　　这个程序的作用，以及它对作为积木块的特征的依赖，都可以借助数学公式来精确表示。如果特征$v_i(s)$的值接近0，那么它不会对$V(s)$做出的预测产生多少影响，因为这个特征将不会对总和产生多大影响。即使权重w_i的值很大，如果$v_i(s)$接近0，则$w_i v_i(s)$的值接近0，除非w_i的值极大，但这种情况不可能出现。因为对于 s 来说，只有具备较大特征值的特征才会对 $V(s)$ 有贡献，正是这些特征对预测起着决定作用。

塞缪尔借助以上结论，来确定需要改变的权重。以棋局 s 为例，从 s 出发可以得到 s'，$V(s') \ll V(s)$。这意味着，沿着 V 所选择的路径，在 s 处通过 $V(s)$ 所做的预测的值要远大于随后预测的值——在 s' 处的 $V(s')$。遵循塞缪尔富有启发性的观点，我们希望通过减小 $V(s)$ 使早先的预测与后来的预测一致。减小 $V(s) = \sum_i w_i v_i(s)$ 的一种有效方法是，改变特征 $v_i(s)$ 的权重，因为 $v_i(s)$ 在 s 处具有较大的值。如果特征 $v_i(s)$ 具有较大的正值，减小它的权重，就可以减小 $V(s)$ 的值；如果这个特征值为负，则增加它的权重，就会增加从总和中减去的相应数值。减小 s 处的预测值，$V(s)$ 的值会相应减小，会使其与后面较小的 $V(s')$ 值更加趋于一致。

这种修正权重的方法通常比较可靠，但执行起来还需格外注意。如果特征 v_i 在 s' 处也具备一个绝对值较大的特征值，那么权重 w_i 的任何变化将导致棋局 s' 处的 $V(s') = \sum_i w_i v_i(s')$ 的巨大改变。$V(s)$ 和 $V(s')$ 同时改变，会破坏用 $V(s)$ 来准确预测 $V(s')$ 的目标。不过这种方法做出了这样一个修正；我们可以只改变那些在 s 处具有较大值，但在 s' 处具有较小值的特征权重。那么，$V(s)$ 中引起较大变化的权重不会在 s' 处有太大影响，因为这些特征在 s' 处具有较小的值，并且对总和也没有太大的影响（见图 4-3）。直观来说，正是这些在 s 处具有较大值，但在 s' 处具有较小值的特征，将 s 和 s' 的情况区分开来。

改变权重，涌现能力的核心

"领先棋子数"这个特征，对该值为 1 的所有棋局都是等同的，这一原则同样适用于其他特征。上述学习过程显然具有积极的作用，它可以使博弈参与者在不同情况下反复遇到同样的特征，相应地不断积累应战经验。然而，它同时也具有负面的影响。即便在具备较大特征值的所有不同情况下，为某个特征赋予的权重最多也只能反映出该特征"平均水平"下的重要程度。

领先一两枚棋子，通常是会处于有利地位的。因此，"领先棋子数"这一特征的权重可能是比较大的正值。然而在某些情况下，领先一枚棋子也可能是通向陷阱的开始，开局弃子法便是一例。这种情况下，其他特征必须取绝对值较大的负值，以抵消先前领先棋子数具有较大正值所造成的影响。简言之，其他用来刻画陷阱的特征必须存在。只有这样，机器棋手才能避免跌入陷阱。在第 12 章，我们会讨论默认的层次，届时你将了解这种在特殊情况下忽略一般特征的技巧。

之所以需要谨慎行事，还有一个原因。我们会在其他关于涌现的例子中反复遇到这种情况。预测值 V 充其量只是估计而已，说到底，程序在做出这些预测时，使用的"博弈可能性"的样本数量有限，博弈双方的情况都是如此。为了弥补这一不足，塞缪尔通过改变权重，使先前的预测 $V(s)$ 和后来的预测 $V(s')$ 略微接近一些，以此来改进预测的准确性。在这个规定的约束下，没有什么单独的情况能够引起权重的巨大改变。相反，细小的变化不断积累，逐渐产生一个权重，这个值是所有相关状态的平均值。如果变化趋势一直如此，这个权重将会不断积累成一个较大的值；否则，它的值将保持在接近零的状态。

通过这个办法，可以使权重"忽略"那些做出失败预测的偶然情况。偶尔落入"陷阱"，并不会使领先棋子数的权重与经其他多数情况验证后得到的数值有太大的出入。

缺乏和高手博弈的经验，也将大大增加预测难度。如果机器棋手总是和水平不高的对手博弈，评估函数 V 将不能产生有效的策略。人类棋手也会受到同样的限制。唯一的补救办法，就是让机器棋手和众多高手博弈。为了在一定程度上弥补这个局限，塞缪尔想出了一个策略，设计了一个自举程序，允许机器棋手和自己交战，以此积累博弈经验。在下一节中，我们将详细讨论这个技术。

尽管面对重重困难，而且也缺乏确凿的证据表明，按塞缪尔的方式改变后的权重可以产生强有力的策略，但这个技术在实践中确实有效。总体来说，这确实是一个了不起的成就。奇怪的是，至今仍很少有人研究为什么这种方法能够奏效，因为改变权重正是塞缪尔的国际跳棋程序中涌现能力的核心所在。

权重改变引起的涌现结果

即使我们已经充分理解了塞缪尔的权重改变技术，但该技术带来的一些重要影响仍可能被忽略。这大致可包括以下五个方面：

- **子目标**。尽管评估函数似乎并未直接提及子目标，但事实上，当没有明显的克敌制胜或领先对手的走法时，评估函数确实提供了对子目标做出预测的巧妙思考方向。

- **预测对手**。如果机器棋手要预测对手的走法，它必须为对手确定一种策略。评估函数能为对手可能的反应提供指导。

- **通往最大最小策略**。尽管评估函数 V 只能间接地使对手可能造成的最大破坏最小化（最大最小策略），但是它确实已经领悟了这个理念的核心思想。

- **自举程序**。机器棋手可以通过与自己博弈来提升棋艺。

- **展望**。在了解博弈规则的前提下，机器棋手可以利用对手行为的模型预测几步以后的情况，并根据预测结果改变权重。

下面我将详细讨论上述每一个问题，分别说明它们是如何从改变权重的基本技术中涌现出来的。

子目标

我们现在知道，塞缪尔的国际跳棋程序是通过从博弈过程中获得的信息来进行学习的，它无须等待最终的奖赏，也无须专家的指导。乍一看，子目标的概念在此并无用武之地。事实上，如果不存在通往终极目标的明显路径，子目标的确是关键的过渡步骤，那么它是如何成为这一关键步骤的呢？

和我们猜测的一样，答案是塞缪尔的国际跳棋程序扩展了子目标的作用，只是没有明确说明而已。进一步的研究揭示了国际跳棋程序精妙所在，也揭示出子目标的深刻本质。

我们还是从"领先棋子数"这一特征开始。由于该特征与博弈的胜利紧密相关，因此它在学习程序中获得了较高的权重。此外，在一场势均力敌的博弈中，"领先棋子数"的值接近 0，因为如果其中任何一方在棋子数上领先的话，博弈结果就不可能是平局。倘若棋局 s 处的所有走法都通向平局，那领先棋子数对于棋手在棋局 s 处的选择影响将会很小。在这种情况下应该如何应对呢？

此时，就轮到那些与胜局没有紧密关系的特征发挥作用了。一些怪异的特征，如前面提到的棋子的"中心力矩"，可能具有非零值。在一场几乎势均力敌的博弈中，尽管这个特征的权重比较小，但是它终究比那些具有接近零值的重要特征对 V 值的影响要大。当博弈接近平局时，由 V 所决定的策略，会根据那些具有非零值的怪异特征来选定相应的棋局。也就是说，当机器棋手无法根据那些值接近零的特征做出选择时，则需要根据这些具有非零值的特征来决定（刻画）相应的选择。这样一来，当通往胜局的路径不是很明晰时，就要由那些怪异的特征来确定子目标，决定该怎么走。

　　当无法根据一些重要特征做出选择时，机器棋手必须能够识别哪些怪异特征更有效。那些同样具有平均和弥补作用的特征在这里也会发挥作用，因为它们是当下较为明显的特征。由于这些怪异特征和胜局的关系不太紧密，所以被赋予的权重较小。其中有些特征是完全不可靠的，这些特征最终的权重会接近零，并且它们对博弈过程影响甚微。而其他特征则可能含有重要的信息，在接近平局时，有助于刻画正确的行动。后一种特征会被赋予非零的权重，在没有更显著的特征来确定行动的前提下，它们正是 V 寻找的对象。

预测对手

　　现在，我们开始解决为机器棋手的对手建模的问题。因为机器棋手会遇到不同的对手，它即便采取同样的行动也会导致不同的结局。然而，通过关注那些不够理想的结果——最大最小策略，国际跳棋程序能够在一定程度上克服这个困难。

　　不理想的结果可能是以下两个原因所致：机器棋手的表现比较糟糕，或者对手的表现非常出色。无论是哪种情况，我们都会很好地修正国际跳棋程序，即为通往这个结果的棋局赋予较小的值，有可能是负值。此外，理想的结果也会带来不明朗的情况。理想结果的获得可能是因为机器棋手表现出色，也可能是因为对手的表现太糟糕。如果是对手太差而使得结果较为理想，那么就不必做出任何调整。由于对手也在不断地学习提高，或者其他不同对手的棋艺比较出色，所以同样的博弈序列往往不会重复出现。

　　鉴于以上原因，跳棋程序应该把重点放在避免不利的结果上，而不是直接寻求理想的结果。当无法保持理想结果时，无论是哪种情况所致，不利的结果都应当竭力避免。当 V 的预测值和随后的预测值相比偏高时，只需调整 V 中的权重就能实现上述目标。如同人工智能国际象棋专家汉斯·伯利纳（Hans Berliner）于 1978 年所说的那样，理想博弈的秘诀在于避免重大失误。

　　这个修正完善了修改权重的规则。只有沿着 V 所选择的路径会出现棋局 s'，而 s' 被赋予了更低值时，我们才用前面提到的启发式方法来修正 $V(s)$ 中的权重。也就是说，V 中的权重只有在 $V(s)$ 比 $V(s')$ 大得多时才会得到修正，反之，当 $V(s)$ 比 $V(s')$ 小得多时，则不需要修正。

通往最大最小策略

那么，对于国际跳棋来说，如何使用这个规则来得到最大最小策略呢？假设我们有充裕的时间和一个合适的特征集，如果能够证明该方法可以产生最大最小策略，那最好不过了。可惜，这样的证据并不存在。我们能做的只不过是给出一个似是而非的论断：局部的行动"近似于遵循最大最小策略"。

主要结论已经得出，我们可以通过从博弈结束时与可靠预测对应的走法到更早的走法，逐步"回溯"预测。在这个过程中，不断地调整 V，为那些意外获得较小值的棋局之前的棋局赋予较小值。由此，V 所定义的策略避免了预测失误带来的损失。而且，由于会导致非常不利的结果，那些被赋予绝对值较大的负值的特征和其他情况下权重也为负值的特征一样，都是我们应该避免使用的。这和伯利纳关于避免严重失误的建议是一致的。

随着经验的积累，在越来越多的情况下，我们将会根据这个办法来确定行动，避免失误。也就是说，具有最高值的选择，目前将不会导致那些不利的结果。筛选后的选择是那些在每一步走法中，由 V 确定的策略选择的合规棋步。这些走法将通往具有最高预测值的棋局。通过这种方式，国际跳棋程序就达到了最大最小策略中的最大效应，获得了希望的结果：使对手希望对你造成的最大破坏最小化。

自举程序

塞缪尔调整权重的程序能够充分发挥最大最小策略的作用，从而使机器棋手可以通过自举程序逐步提高棋艺。将具有固定权重的版本，作为具有学习能力版本的机器棋手的对手进行练习，这样便可通过自举程序来提高棋艺。经过一段时间之后，具有学习能力的机器棋手和具有固定权重的对手对抗时，将轻松立于不败之地。这时，将具有学习能力的机器棋手的权重赋予它的对手，然后不断地重复这个过程。

通过这种方法，具有学习能力的机器棋手面对的是棋艺会不断提高的对手。新的博弈序列不断被探索，具有学习能力的机器棋手的棋艺也不断提升。因为这样做的目的是发现并避免落入棋艺高超的对手设下的陷阱，因此机器棋手通过自举程序产生的策略，可以避免被对手的开局弃子法、陷阱以及其他看似有利实为陷阱的招数所迷惑。

展望

到目前为止，我们只讨论了一种使用评估函数 V 的方法：在博弈过程中的每一个决策点，根据 V 的预测来选择下一步的走法。随着博弈的进行，当 V 每次所做的预测出现实质性改变——变得更糟时，V 的权重将相应发生改变。事实上，还有另一种使用 V 的方法，其中涉及一项被称作"展望"的技术。

借助展望技术，机器棋手能够使用博弈规则从当前位置生成博

弈树的一部分（见图 4-4）。它先生成从当前位置能够直接得到的
棋局，然后再生成这些棋局通向的各个棋局，以此类推。也就是
说，当前位置是展望树的根节点，程序在允许的时间范围内产生尽
可能多的合理节点。我们知道，各种走法能迅速生成一棵枝繁叶茂
的树，因此，当塞缪尔进行验证时，他的国际跳棋程序在所有可能
的走法序列上只能展望到五六层的深度。

生成展望树之后，机器棋手把评估函数 V 应用到生成树的终节
点，即展望树的叶节点处。这样，机器棋手无须真正执行走法序列，
就能预测未来的种种可能性。特别是，在有限的展望跨度内，程序
能够估计出对手所有可能反应的结果。借助这些信息，机器棋手得
到的启发是，后面的估计要比前面的更加可信。

从展望树的叶节点开始，机器棋手一层一层地返回当前位置，
也就是展望树的根节点。在这些层次中，当轮到对手选择走法时，
如同前面提到的那样，机器棋手假定对手将会采取对自己最为不利
的走法，并且假定对手拥有和自己完全一样的知识——清楚地了解
V 以及它的特征和权重。

相应地，机器棋手假定对手总是选择具备最小 V 值的走法，因
为在跳棋程序中，对机器棋手不利的选择正是对对手有利的，反之
亦然。简言之，塞缪尔使用评估函数 V 来为对手的选择建模，和确
定机器棋手的策略一样。这样，程序最终的结果正是选出一个走法
序列，这个走法序列恰恰是它根据评估函数 V 做出的局部最大最小

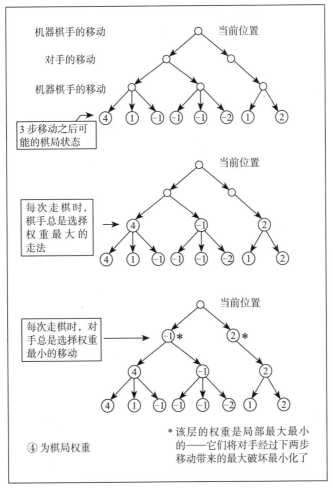

化的选择（见图 4-4）：在展望树的范围内，国际跳棋程序确实最小化了 V 所能预测的最大破坏。

机器棋手的移动　　　　　　　　　　当前位置

对手的移动

机器棋手的移动

3 步移动之后可能的棋局状态

当前位置

每次走棋时，棋手总是选择权重最大的走法

当前位置

每次走棋时，对手总是选择权重最小的移动

* 该层的权重是局部最大最小的——它们将对手经过下两步移动带来的最大破坏最小化了

④ 为棋局权重

图 4-4　展望和最大最小策略

有了这些，机器棋手就可以通过展望技术比较展望树根节点 r 的值，以及按照最大最小策略选出的叶节点 l 的值。利用刚才讨论过的实战技术，改变 V 的权重从而使 $V(r)$ 能够越来越准确地预测出 $V(l)$。通过这样的方式，机器棋手就能够在真正执行走法序列之前有效地改变它的权重。

国际跳棋程序的启示

塞缪尔使用特征值的加权和 V 作为对手的内部模型，实在是一个突破性的创举。借助这一创举，他取得了多项进展：

1. 极大地增强了 V 作为预测工具的能力。

2. 在缺乏及时的反馈信息时，使快速复杂的学习成为可能。

3. 把基于模型的预期（展望）作为学习的基础。

4. 很好地实践了伯利纳的原则，即避免重大失误。

除此之外，我们有理由相信，这样做得到的结果确实局部满足"最大最小策略"的要求。

对于塞缪尔在半个多世纪前得到的这些成果，我们至今还没有多少新的突破。他的国际跳棋程序，尽管设置的范围很狭窄，但是

已经足够清晰地把学习与基于预测的行动和涌现能力联系起来。它
也是一个可以自我改进的样本，通过内在模型的运用实现了"自我
反省"。尤为重要的是，国际跳棋程序带给我们的启示可以广泛应
用于对涌现的全部研究中。这些启示可以分为如下 4 类：

- **产生的复杂性**。国际跳棋程序清晰地表现出有组织的复杂性，
  这些复杂性可以由少数简单的规则和程序得出。

- **无须即时反馈的学习**。基于这样的学习过程得到的预测，使持
  续改进成为可能，即便在缺乏仲裁者来区分"正确"和"错误"
  的时候也是如此。

- **支持"设局"**。在复杂环境中的学习，需要定义流程来提前识
  别那些能够促成后续博弈优势的走法。

- **为其他主体建模**。多主体环境下，在预测其他主体行动的过程
  中，涌现现象也常常会产生。

通过用涌现的思想验证这些启示，我们可以探讨一些更为广泛
的论题。

产生的复杂性

我们知道，即使是一个像国际跳棋这样简单定义的博弈游戏，
也能够产生多种多样的棋局。这种由简单规则设置产生极度复杂性
的能力，着实令人叹为观止。这表明，在现实世界中，复杂性几乎

无孔不入。同时，我们也有信心找到由简单规则控制的模型来解释复杂现象。产生的复杂性对于涌现必不可少，如果要理解涌现，就需要进一步研究这种复杂性。

由简单规则设置所产生的恒新性，为构建和检验模型提供了强有力的理论基础。例如在国际跳棋程序中，通过忽略部分细节，我们看到的仅仅是对同一走法的重复。通过删减细节能够获得若干重复出现的特征，这样一来，我们能够建立起一个具有如下形式的学习行为准则：如果当前情况显示出特征 (s) X，则采取行动 (s) Y。当然，确定哪些是重要特征，哪些是细节部分，与经验及感受紧密相关，涉及建模的艺术。

对显著特征和细节的敏感属于人类及其他哺乳动物与生俱来的一种能力：在面对复杂情景时，无论是在乡村还是城市，我们总能迅速地把周围环境分解为熟悉的元素。"那里有 3 棵树、1 间房子、1 头奶牛……"或者"街上有 5 幢摩天大楼、2 盏街灯、1 个消防栓……"这个过程几乎不需要多少有意识的思考。然而，要让计算机程序获取这种能力却是相当困难的，目前还没有可以有效执行该任务的程序。

事实上，这种"与生俱来"的分解能力非常微妙。场景被分解为可复用的积木块，而并非任意组件。虽然经常看到树，但是我们从来不会以相同的方式看到同一棵树。每次看到树时，不同的光线、不同的角度都会在视网膜上留下不同的影像。如果考虑细节因素的话，我们在各种场景下看到大量不同种类的树，会很自然地把树进一步分解为树根、树干、树枝以及树叶。这些积木块以不同的方式组合，从而使我们构建和认识不同种类的树。这有些像孩子玩的积木，它们都能够以不同的方式组合。像游戏一样，只有某些组合是合规的，除非我们想构建一棵根和叶倒置的"猴面包树"。有时，为了追求生动或者出乎意料的效果，我们会尝试不合规的布局，但那些都是例外，而不是规则。

我们可以继续用隐喻的方式使用树模型，这样就可以把对于树的理解转移到更广的领域。在讨论博弈树时，我们甚至借助了根叶的概念以加深理解。第 11 章将更为仔细地研究隐喻的应用以及它和模型的关系。

无须即时反馈的学习

关于在没有确切判断依据时如何做出选择，塞缪尔给出了两方面的见解。首先，他认识到失败的预测也都能如明显的反馈那样作为改进的基础。在游戏及其他大多数情况下，只有在展开一连串行动之后才可能得到比较确切的反馈信息，而且所得信息也非常有限。这些信息并不能明确指出交手过程中哪些步骤才是关键的选择。仅仅根据反馈而做出的调整，会丢失从博弈序列路径上获得的许多信息。

此外，我们还可以借助过程中的预测使用临时信息来提高博弈表现。塞缪尔把评估函数 $V(s)$ 看作特征值的预测，这个值可通过由 s 出发通过 V 确定的策略获得。他把遇到的每一个棋局都看作子树的根，用 V 来估计子树范围内通过可能的走法序列获得的值。无论何时，只要后来的事件或者展望表明在棋局 s 处的预测过于乐观，国际跳棋程序就会修正那些导致 $V(s)$ 值较大的特征权重。

其次，塞缪尔的见解还来自对最大最小策略的观察。如果机器棋手和对手都一致遵循最小化最大伤害的策略，那么此路径上的每个棋局都会被赋予同样的值。如果 V 被视作最大最小策略的一个近似表达，它也应该满足同样的标准：在博弈的每一阶段它所做的预测应该相同。相应地，应该修正 V 以使它的预测保持一致，通常在修正程序中给予较靠后的值优先权。这导致了局部的基于 V 的最大最小策略。

支持"设局"

棋类游戏中，精彩博弈常常源自那些微妙的"设局"招数，代价可能是牺牲一枚棋子。这些招数往往会使后面的局势变得明显有利，例如国际跳棋中的三连跳。由于"领先棋子数"这一特征具有易学习、权重较高的特点，因此一个权重不高的 V 也有助于为后面的三连跳设局。诀窍在于，为那些影响设局选择的特征赋予了适当的权重。

局势胶着时，设"陷阱"至关重要。当与胜局联系紧密的特征，如国际跳棋中的"领先棋子数"特征和"领先王数"特征具有接近零的值时，博弈出现平局。也就是说，平局时这些明显特征对于 V 已经没有影响：对于所有局部选择，它们都是零。然后决定权就落到了那些更为神秘的特征身上，在局部选择时，它们的值各不相同。事实上，在缺乏明显的行动方向时，跳棋程序将会寻找由这些特征确定的子目标。这些特征的权重必须有利于确定那些能够促成后续优势局面的走法。

塞缪尔的学习程序能够自动提供"设局"的选择。如果基于 V 的预测做出的选择导致了不利局面的出现，也就是说，如果预测没有实现，那么权重就会改变，以避免在未来再次做出同样的选择。不断重复这个过程，剩下的"幸存者"将是那些能避免选择导致不利局面的权重。如果相应的权重特征具有正值，那么它们就被选为要寻找的子目标。反之，具有负值的特征就成了应该尽量避免的灾难性局面的标志。这两种情况都证明 V 确实具有确定关键性选择的能力。

为其他主体建模

为了给对手建模，塞缪尔大胆假定，对手了解机器棋手知道的一切信息。机器棋手的行动建立在这样的假设基础上，即只要有可能，对手就会利用 V 所确定的策略。因为跳棋游戏是一个零和博弈，也就是说机器棋手得到多少，对手总会相应地失去多少，反之亦然，所以 V 预测到的损失将会是对手的收益。依据这一点，为 V

取负值就为对手的策略建立了模型。这里又涉及在讨论展望时谈到的最大最小策略的使用。从展望树的叶节点"后退"的过程中，塞缪尔假设对手在诸多选择中，挑选出能够最小化 V 的走法。V 和"取负值"的 V 相结合，将会预测出可能的博弈序列。

当然，对手可能并不真正具有模仿 V 的策略。如果对手的策略不如 V 有效，这种悲观的最大最小策略只会得到一个比预测更好的结果。当这种情况发生时，权重不会改变，因为另一个对手不可能再犯同样的错误。此外，对手的策略可能在某些方面比 V 更出众，能够产生 V 无法预测的结果。对于机器棋手来说，这个结果是一个很好的学习机会。V 的权重将被改变，以避免这些此前没有预料到的灾难后果。因此，V 可以把更多技巧的获得归功于它的对手，并且根据最小化对手引起的最大破坏这一原则，继续改进自身的策略。

通过这个方法为对手建模，尽管存在着不少反例和缺陷，但在实践中确实有效。在涉及多个主体相互作用、相互学习或者相互适应的复杂情况下，这个简单的建模技术切实可行的功效是我们进行研究的有效起点。

EMERGENCE

第 5 章

神经网络模型

FROM

CHAOS TO

ORDER

　　从表面上看，建立神经网络模型与建立国际跳棋程序模型并没有什么共同点，前者更加困难。就像前面提到的，我最初曾认为塞缪尔的国际跳棋程序虽然设计思路精妙，但与神经网络的研究方向相去甚远。第 4 章的分析已经证明：塞缪尔的见解深刻而且涵盖面很广，绝非精妙所能概括。而现在，我还必须纠正"相去甚远"的想法。我们很快就会发现，如果在适当的水平下进行比较，神经网络模型与塞缪尔的国际跳棋程序确实有不少相同之处。而且，我们还会认识到，进一步了解神经网络能帮助我们更深入地理解涌现现象。通过重新叙述侯世达关于蚁群的启示性隐喻[①]，我们将会找到新的视角。

　　　蚂蚁个体的行为非常自动（纯粹反射性地被外界条件所驱动）。它们的大部分行为，都可以被描述为对十几条形式规则的调用："用大颚夹紧物体""按照追踪信息素递增或递减的

---

① 要了解详细内容，参见《哥德尔、艾舍尔、巴赫：集异璧之大成》，商务印书馆，1997 年版。——译者注

方向来寻路（追踪信息素是一种能够把某些信息进行编码的气味，这些信息包括'沿这条路去找食物''沿这条路去战斗'等等）""根据是否具有'蚁群成员'的气味来辨别移动着的物体"，等等。当然，如果要让计算机模拟蚂蚁遵循这些规则的行为，对这些规则的说明还必须更加具体细致，但以上这些简短描述已经体现了规则的要点。这些规则的数目虽然不多，但当蚂蚁在不同的环境中移动时，它们会不停地调用这些规则。一旦蚂蚁个体遇到这些规则没有概括到的情况时，它们的处境就会非常危险。在这些规则没有概括到的环境中，大部分蚂蚁，特别是工蚁，最多只能存活几个星期。

一个蚁群中各个成员的行为及其相互作用决定了整个蚁群的行为。然而作为一个群体，蚁群所显示出的灵活性却大大地超过了其个体成员的能力范围。蚁群可以感知并应对在很大地理范围内出现的食物、外敌、水患和很多其他现象。蚁群能够把领地延伸到很远的地方，按照有利于群体的方式来改变周围环境。蚁群的寿命一般要比其个体成员的寿命长几个数量级（尽管在有些种类的蚂蚁中，蚁群的寿命可能大致等同于蚁后的寿命）。为了了解蚁群，我们必须了解这个稳定、适应性很强的组织究竟如何从它那为数众多的成员间的相互作用中产生出来。

像蚁群一样，中枢神经系统也由大量相互影响的个体组成，这些个体被称为神经元。单个神经元就像蚂蚁个体一样，有一套行为指令系统，这个指令系统可以根据数量不多的规则建立起来。而且像蚁群一样，无论在时间还是在空间上，中枢神经系统所调控的行为都比单个神经元本身的行为要复杂得多。当然，蚁群和中枢神经系统有着很重要的区别。例如，神经元之间的相互连接和相互影响在空间上讲，基本上采用"有线"方式，然而蚂蚁的交互网络却具有流动、变幻不定的特点。然而，这两种情况最令人迷惑的地方都在于：这样一个如此稳定而灵活的组织是如何从一群相对不灵活的组成部分涌现出来的？

因为蚁群的活动细节比中枢神经系统的活动细节更容易观察，我们用肉眼就可以看到蚂蚁个体，并观察到它们之间的相互影响，所以蚁群中的涌现现象就显得不那么神秘了。在这方面，隐喻是很有效的手法：通过对蚁群的观察和对比，就可以很合理地解释神经网络的行为指令系统为何比其成员（神经元）的行为指令系统优异很多。在建立这样的网络模型的过程中，我们会用类似观察蚁群的方式来研究这一现象。我们可以使用不同的方式来干扰模拟神经网络，从中挑选出在涌现中扮演关键角色的个体神经元的特征。而且，由于这种网络的结构超出了塞缪尔评估函数的范畴，所以当我们在不同的情况下检验塞缪尔的众多观点时，还会涉及在他的国际跳棋程序中不易观察到的涌现的其他层面。

神经元的特征

人类中枢神经系统的最显著特点就是规模庞大。与之相比，即使是电子计算机这类最复杂的人造物，其规模也要逊色几个数量级。人类的中枢神经系统大约有 500 亿个神经元，这些神经元的交互情况，可以用**扇出**（fanout）来进行粗略的衡量。扇出是指此系统中的一个神经元与其他神经元的直接交互次数。典型的中枢神经系统神经元的扇出为 1000 ～ 10 000，而在一个典型的电子计算机中，其计算单元的扇出还不到 10！这大约是 3 个数量级的差别。在科学上，3 个数量级的差别，例如从原子核到电子轨道，已经足以创立一门新的科学——从原子物理学到化学。从扇出不到 10 的人造机器上得来的经验，显然根本无法帮助我们理解扇出超过 1000 的系统所具有的复杂性。

在非科技类著作中，关于神经元的描述基本不关注这些细胞的复杂性。尽管我们毫无必要深入到化学和生理学层面来了解神经元，但应该大概知道它具有的一些主要特点。

神经元细胞的表面有着一些错综复杂的延伸部分（见图 5-1）。其中一种延伸部分叫作轴突。它像一棵树一样，从细胞的表面开始延伸出一条主干，离细胞体越远，它伸展出的分支越多。轴突有时可能会非常长，可以将大脑中相距甚远的神经元连接起来。轴突的分支决定了神经元细胞的扇出。另外一种延伸部分叫作树突，其形态通常比轴突显得更为茂密，但通常不会从细胞体向外延伸很远。尽管树突的作用也很重要，但本章的讨论重点还是轴突，因为轴突才是神经元间交互作用的关键部分。尽管这里展示的只是一张简化了的神经元活动图，也远比通常研究人造神经元时使用的图复杂。

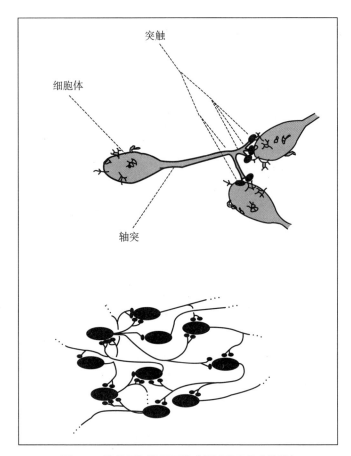

图 5-1　神经元与神经网络（经过高度艺术处理）

　　轴突的分支一直伸展到其他神经元的表面。它们相接触的点称为突触，轴突分支的终端和另一个神经元之间被一个细小的缝隙分隔开来，这个缝隙叫作突触间隙。这个间隙非常小，长度大约为

100 埃 [①]，化学物质可以在几微秒内通过这个间隙进行扩散。

　　神经元借由轴突传播的能量脉冲来实现相互作用。由于在神经元内部能量是经由轴突来提供的，所以这种脉冲传播就像导火线的燃烧一样，当脉冲到达轴突的分岔处时，它将毫无衰减地分流。所以，尽管轴突有很多分支（见图 5-1），但当脉冲最终到达突触时，其脉冲的大小与从细胞体最初产生的脉冲大小是一样的。也就是说，能量脉冲通过中枢神经系统时，其大小不变，振幅也不会携带任何除脉冲存在与否之外的信息。

　　当脉冲到达突触时，它会释放出一种名为神经递质的生化物质。这种物质通过突触间隙进入另一个神经元。如果在很短的时间间隔内有足够的脉冲到达这个神经元的表面，该神经元就被激发，开始向它自己的轴突发射一个新的脉冲。从效果来看，一个神经元不断收集和累加接收到的脉冲，当积累到足够多时，它就发射出一个脉冲以标识这个事实。相对于脉冲在两个神经元之间传递所花的时间来说，神经元将接收到的信息汇集起来花费的时间要更长一些。我们根据神经元收集信息的处理时间来模拟中枢神经系统的处理频率，一个时间步长对应神经元收集信息的处理时间。

　　突触能否有效释放神经递质，取决于脉冲经过突触间隙传递之前的经历，这很像锻炼与肌肉的关系，锻炼能提高肌肉的能力，而

----

① 1 埃 =0.1 纳米 =10^{-10} 米。——编者注

长期不锻炼会降低它的能力。这种用进废退的效应很早就被认为可能是学习的基础机制（赫布理论），而且随着人们在探索生物化学活动方面复杂程度的不断提高，这一理论也一再被证实。如果考虑这种效应，我们可以认为突触会根据以往的经验而得到不同权重，就像塞缪尔的国际跳棋程序中那些权重会随经验发生改变一样。

为神经元建模

为了在以上信息的基础上建立一个有用的中枢神经系统的模型，我们先要明确一点：中枢神经系统的活动是通过在一个给定时间步长内处于激发状态的神经元进行描述的。因为发射的脉冲具有一致性，我们可以认为每个神经元在一个时间步长内处于"开"（发射脉冲）或"关"（静默）两种状态之一。我们还可以做出如下假定进一步简化这个模型：在同一个时间步长内到达的所有脉冲，都能等效地决定神经元是否被激发。用专业术语来说就是忽略了脉冲的**相位**（phase）。

EMERGENCE

图 5-2 展示了这些简化的中枢神经系统模型和塞缪尔的模型之间的联系。如果再来看一看塞缪尔的评估函数的描述，就能非常清楚地了解这种联系：

$$V(s) = \sum_i w_i v_i(s)$$

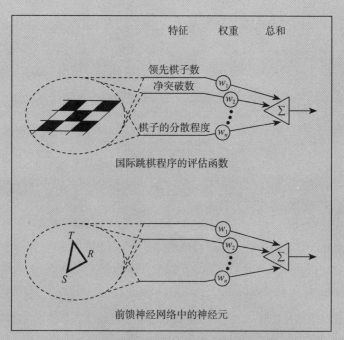

图 5-2　国际跳棋程序和前馈神经网络中神经元的对比

　　先来看看 $v_i(s)$。对于塞缪尔来说，这是由特征确认过程提供给评估函数的输入。对于神经元来说，我们则可以认为 $v_i(s)$ 是神经元表面突触存在的脉冲信号。如果时间步长以神经元的处理时间为基础，那么 $v_i(s)$ 表示的是在突触 i 处是否存在一个脉冲，即 $v_i(s)$ 的值为 1 时表示存在脉冲，为 0 时表示不存在脉冲。如果我们使用一个较长的时间步长，则 $v_i(s)$

可以被认为是这期间脉冲到达的次数。也就是说，在这个较长的时间步长中，$v_i(s)$ 给出了神经元向突触 i 发射脉冲的频率。

无论采用哪种解释，权重 w_i 都代表了突触 i 运送神经递质通过突触间隙的效率。如果到达突触的脉冲总数超过接收神经元的固定阈值，则接收神经元将被激发而发射脉冲。如果用发射频率来解释，那么接收神经元的发射频率将被认为是 $\sum_i w_i v_i(s)-T$ 这样一个简单的差额函数。

我们可以进一步假定只有当到达突触的脉冲数目超过某一固定的激发阈值时，每个神经元才在该时间步长结束时被激发。接下来我们将看到，这个假设并不适用于现实的神经元。但早期的一篇非常优秀的论文正是以这种简化的假设为基础。该论文的作者是沃伦·麦卡洛克和沃尔特·皮茨。美国数学家斯蒂芬·克莱尼（Stephen Kleene）曾在 1951 年对此做过介绍。就其对计算机发展所产生的广泛影响来说，这篇论文足以媲美图灵在 1937 年发表的论文[1]。两人的论文不仅为后来神经网络的研究奠定了基础，而且还在后来计算机语言（1951 年由克莱尼重写）甚至自然语言［1957 年由美国哲学家乔姆斯基（Chomsky）改编］的研究中起到了关键作用。在

---

[1] 指《论可计算数及其在判定性问题上的应用》（*On Computable Numbers, With an Application to the Entscheidungsproblem*）这篇论文，其中描述了后来被人们称为"图灵机"的"计算机器"。——编者注

近来人工神经网络研究的复兴中，这种固定的激发阈值的简化假设
也起到了非常重要的作用。

　　简言之，无论是塞缪尔的评估函数还是这些人工神经元，都使
用了一个加权和来做出判断。尽管在这两种情况中，改变权重的算
法是不一样的，但两者都是通过权重的改变来进行学习的。

固定阈值的神经元网络

　　固定阈值的神经元网络已能够区分各种不同的复杂模式，比如
表情、笔迹、口语、声呐信号和股票市场波动等信息都可以成为这
种网络的分析素材。当然，这些模式都必须被妥善地安放，比如放
在中心位置或置于某个基准位置，但其表现令人满意。我们现在的
目的是弄清它的工作原理及局限。

　　要想完成模式识别的任务，这个网络必须具有层次结构：一个
输入层、若干个内部层和一个输出层。在这个名为前馈神经网络的
简单结构里，每个层次的神经元能使下一层次的神经元进入激发状
态。那么模式识别的目标就是，当任何待识别的模式出现在输入层
时，都能激发输出层的特定神经元。

　　在输入层，每个神经元对环境中的一些微小元素做出反应。这
里的环境是指供识别的场景或波形，比如三角形。例如，一个画面
可以被分解成许多呈微小正方形的像素，每个像素不是白色就是黑

色（见图 5-3）。每个输入神经元对应某个像素。当像素是黑色时，它就被激发。也就是说，输入层的神经元对黑色像素做出反应，发射脉冲，由此引起下一层神经元被激发并发射脉冲。这样持续下去直到脉冲到达输出层。

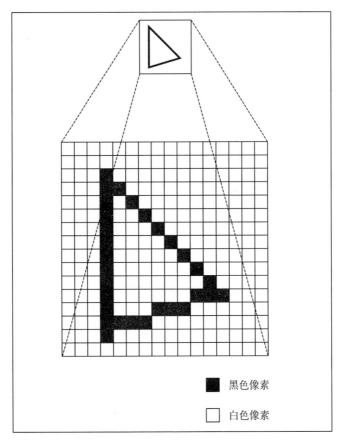

■ 黑色像素

□ 白色像素

图 5-3　用像素表示三角形

　　输入层的神经元通过轴突，以突触的形式与相邻的下一层神经元接触。如果下一层神经元被足够多的处于激发状态的上一层神经元所接触，那么也将被激发。这些神经元又引起下一层的神经元被激发，如此持续下去，直到脉冲到达输出层。在最简单的情况下，如果待识别的模式（三角形）确实存在，输出层就会有一个特定的神经元发射脉冲，表明模式被识别出来了。如果这个神经网络需要识别很多模式，则可以建立更多、更复杂的"经过编码"的输出脉冲。当特定的神经元发射脉冲后，我们就可以认为神经网络已识别了此模式：它在所处的环境中"看到了"此模式。

　　当然，也会出现模式并不存在而输出神经元错误地发射脉冲，或者模式存在而神经元没有发射脉冲的情况。这就要进行学习。前馈神经网络可以在一个"仲裁者"的帮助下进行学习，这个"仲裁者"需要指出应被激发的输出层神经元或编码。如果我们采用塞缪尔的观点，把发送一个输出信号当作一个预测，则当错误的输出层神经元被激发时，"仲裁者"将显示此预测是错误的。对于错误的预测，神经网络将对权重加以调节，从而在将来有相同的输入时得到正确的预测结果。要想完成这个调节过程，需要通过前面讲过的塞缪尔的操作过程来修正权重，只是具体细节有所不同。

　　神经网络权重变化的推理过程与塞缪尔的推理过程相似。在塞缪尔的推理中，权重变化用以提高国际跳棋程序识别棋局的能力，而对于前馈神经网络来说，通过权重的变化来调节神经元的激发机制，可以提高输出神经元对指定的输入模式做出正确反应的能力。

国际跳棋程序与前馈神经网络的区别

塞缪尔的国际跳棋程序和前馈神经网络的最大区别在于决策过程的复杂性。塞缪尔只假定了一个决策者——评估函数 V，然而在前馈神经网络中，整个决策过程要由许多相互影响的神经元共同完成。相比于带有特征探测器的评估函数，带有突触的人体神经元要简单一些。基中，特征探测器和突触都具有权重。这些突触仅仅记录脉冲是否到达或者脉冲的发射频率，但特征探测器却要记录一些复杂算法的输出结果。由于分布式的本质特点以及构成元素十分简单，神经网络非常适合研究涌现现象：由简单的行动组合进而产生精密、复杂的行为。

仔细分析国际跳棋程序和前馈神经网络中涌现现象的差异，是非常有帮助的。国际跳棋程序根据每一次游戏结束时的结果，制定很长的决策序列。这种根据评估函数 V 制定的涌现策略，是对由局部决策（移动棋子，即走步）所产生的复杂结果的一种反馈。整个过程中并没有"仲裁者"。而对于前馈神经网络来说，它每一次都对出现的模式直接做出反馈，并且会有一个"仲裁者"指出它做出的反馈是否正确。

这种呈现层次结构的前馈神经网络有一个很大的局限：脉冲是顺序穿越神经网络的。如果这个神经网络有 n 层，则输入脉冲在传播过程中就要经过 n 个时间步长才能穿越整个神经网络。一旦脉冲通过，它们就再也不会被进一步使用；神经网络将丢失这些脉冲的特定内容。这种前馈神经网络无法长时间地"记住"过去事件的特点，它与真实的神经网络的记忆能力截然不同。那些在相互连接中带回路的神经网络，能提供一种更长期的"记忆"能力。这样的神经网络能够无限期地记住过去具有激发性的配置，即所谓的**无限期记忆**。等进一步研究真正的神经元之后，我们再来讨论无限期记忆。

有关神经元的更多特征

到目前为止，我们使用的神经元模型只是对真实神经元的一种极粗糙的模仿，而且我们还把讨论范围限制在前馈神经网络。真实神经元与前馈神经网络有着云泥之别。尽管在确立计算机科学部分基础理论以及机器学习的研究方面，这些粗糙的模型卓有成效，但在其他方面，它们的作用却非常有限。认识到这一点，我们就必须深入地了解真实的神经元。本节将概述真实神经元的一些显著且得到公认的特征。下一节则将说明在这些相互连接中带回路的神经网络中，这些特征是如何影响这些神经网络的行为的。

随时间变化的阈值

真实神经元最重要的特征在于，它并不像前面一直使用的神经元模型那样有固定的阈值。一个真实神经元在发射了一个脉冲之后，它就会有一段时间无法再被激发，即要经过一段无法反应的绝对不应期（见图 5-4）。这段时间会持续几毫秒。当这段时间结束时，神经元会对输入的脉冲越来越敏感，而且这种状态会持续几十毫秒。

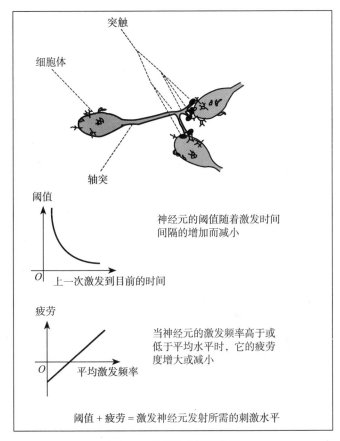

突触

细胞体

轴突

阈值

神经元的阈值随着激发时间
间隔的增加而减小

O　上一次激发到目前的时间

疲劳

当神经元的激发频率高于或
低于平均水平时，它的疲劳
度增大或减小

O　平均激发频率

阈值＋疲劳＝激发神经元发射所需的刺激水平

图 5-4　神经元的其他特征

如果我们使用前面讨论中使用的时钟频率，大约一毫秒发射一
个脉冲，那么当某个神经元发射完一个脉冲后，它就不可能在以后
的几个时间步长中再被激发。因此，神经元的激发频率是有限的。
在高强度正向突触的强烈刺激下，即在一个时间步长内有许多脉冲

到达，激发阈值很可能大约每 5 个时间步长就会超出最大值。这将
导致激发频率达到每秒 200 个脉冲，这是生理上能观察到的最高频
率。如果对神经元的刺激没有这么强烈，那么这个最大激发阈值也
将会随着输入脉冲的减少而降低，在生理学中，常见的频率是每秒
20 ～ 100 个脉冲。

当一个网络内部的连接形成回路时，网络中的脉冲发射频率将
会达到一个很高的水平。当脉冲在回路中循环时，由于受环境的刺
激，越来越多的神经元会被带动起来。这种状况如果持续下去，整
个网络将会进入一种"疯狂"状态，即所有的神经元都以极高的频
率不断发射脉冲。在这种状况下，网络将不可能再对周围的环境做
出反应。在前馈神经网络中，由于不带回路，所以这种正向反馈的
情况不会出现，但代价是前馈神经网络也无法长时间存储历史事
件。对于这种带回路的循环网络，随着它的容量的增长，那种随时
间变化的激发阈值也有助于缓解脉冲的累积所带来的不利影响。由
于神经元会周期性地进入休眠状态，所以脉冲的积累速度也会减
慢。这种定期休眠的特征和神经元的疲劳状态共同作用，就能够确
保带回路的循环网络不至于陷入"疯狂"状态。

疲劳

和肌肉细胞一样，神经元细胞也会出现疲劳现象。如果一个神
经元持续几秒高频率地发射脉冲，那么它的新陈代谢的废物就开始
累积。这个过程将大大增加神经元的激发阈值，导致神经元难以承

受如此高的激发频率。这种高频发射持续得越久，神经元的激发阈值就会越大。这种负反馈的结果最终会导致激发频率的降低。如果一个神经元以一种不正常的低频率发射脉冲，也会产生与上述情况相反的效果。处理新陈代谢废物的清道夫会有效地将废物清除至低于平均水平。这种过度清除将会使该神经元比一般的神经元更容易被激发。

从表面上看，似乎神经元的疲劳只是偶然现象，但事实并非如此。疲劳以及随时间变化的激发阈值的共同作用，阻止了神经元陷入无限扩张的激发模式，从而影响神经元网络进行信息处理。我们不妨想一想通过轴突和突触相互连接在一起的几百个神经元。事实上，这些神经元的发射很可能进入一种锁定模式，即有一些神经元总是在等待发射，而其他的神经元则正从疲劳中恢复。一旦这种同步现象发生，随时间变化的激发阈值就被迫保持这种模式。其结果可能是继续无限期地阻止一系列神经元进行信息处理。疲劳可以逐渐地将激发阈值提高到某一点，使得神经元再也不能保持同步的发射频率。

突触权重的变化

在前馈神经网络模型中，突触的权重是根据"仲裁者"的评估进行调整的。而真正的突触则会因响应一些局部事件而改变权重。赫布定律就是对这一规则最简单的表述。比如有一对神经元 S 和 R，S 的轴突在 R 的表面形成了一个突触。依据赫布定律，如果 S 在 t 时刻发射出了一个脉冲，而 R 在 $t+1$ 时刻发射了一个脉冲，那么之后突触会更加有效地促使 R 发射脉冲。如果我们认为一个突触的效率应根据权重来确定，那么这个权重就应该增加。

赫布定律刚提出时，还只是一个缺乏实验证据的有趣猜测。但是半个多世纪以来，已经积累起的很多有力证据表明：该定律基本上可以很好地解释一些非常复杂的生物分子事件。这些证据都将焦点集中在突触产生神经递质分子的过程上。神经递质通过突触间隙被传送到接收神经元的表面。如果从足够多的突触上产生的足够多的神经递质，积累在接收神经元的表面，那么这个神经元就将被激发。在这个过程中，神经递质不断地通过突触间隙传递。如果这个过程不断重复，那么突触发射神经递质的能力就会提高，这就类似于肌肉会通过锻炼得到增强一样。突触增强其效率（权重）的方式是符合赫布定律的。

在赫布提出该定律后不久，作为对赫布定律的修改和补充，彼得·米尔纳（Peter Milner）提出了**抑制**（inhibition）的概念（Rochester, et al., 1956）。米尔纳的理论考虑了这样一个事实，神经递质的存在事实上会降低接收神经元被激发的可能性。我们可以认为突触具有一个起副作用的权重。它减弱了那些对传输过程起促进作用的脉冲的效率。这就类似于在塞缪尔的评估函数中，一个带负值的权重会使总和变小一样。所以，赫布定律经过修正后，还需附加上下面这一条：如果 S 在 t 时刻发射了一个脉冲，而 R 在 $t+1$ 时刻没有被激发，那么接下来，突触在 R 今后的激发中会越来越不起作用。而且，这种错误如果频繁出现，突触的权重可能会从正值降到 0，进而变成负值。

带回路的神经网络

自从 20 世纪早期非常活跃的神经解剖学家拉蒙－卡哈尔（Ramón y Cajal）的时代起，我们就已经知道，中枢神经系统中的神经元形成一个互相缠绕的网络，这个网络的内部带有大量的回路，或者叫环路抑或重复联结（Sholl, 1956）。如果我们不了解网络回路的效应，就不可能弄懂中枢神经系统的运作方式。

我们已经了解到，回路有着非常重要的作用，它使得网络模型能够无限期地保留历史信息。前文也讨论过一小组神经元能够维持循环脉冲的反射作用。赫布在 1949 年指出，突触的变化会使得这种反射随之变化。因此而形成的细胞分组被赫布称为细胞集群。它们扼要地记录了那些对神经网络起重要作用的刺激活动。在重新构造记忆存储这幢大楼时，细胞集群就相当于这个建筑物的砖块。而且，这些细胞集群还能够帮助预测未来，这就类似于塞缪尔的国际跳棋程序中的预测。简而言之，带回路的网络能够大大突破前馈神经网络在模型模式识别上的局限。

无限期记忆

带回路的神经网络产生了无限期记忆这种现象很好地将带回路的神经网络和前馈神经网络区分开来。无限期记忆就是一种能够记住在过去无限长时间内发生的事件的能力。概括地说，这一能力就相当于假如有人见过 3 次彗星，那么无论再过多久，这一记忆都不会磨灭。在前馈神经网络中不能实现无限期记忆，这是一个技术上的论题，但是对这个问题的研究很有用。

要想精确地定义无限期记忆，我们必须研究沃伦·麦卡洛克和沃尔特·皮茨提出的关于"逻辑"神经元的模型。我们先建立一个逻辑神经元的前馈神经网络模型，使其包括"异或"或称为"互斥或"运算的概念。这个网络有两个输入和一个输出，当且仅当两个输入中只有一个脉冲输入时才产生一个输出脉冲。"异或"这个名字的由来是：仅当两个输入不相同时，输出才成立。接着，我们把"异或"的输出和它的一个输入相连，这就形成了一个带有一个回路的神经网络，在这个神经网络中，输出的脉冲又被重新输入（见图 5-6 中粗线部分）。带回路神经网络的这种行为是无限期记忆的一个简单例子。

回路的作用很大。这种只有一个自由输入源的网络可以记住自从网络开始运转起，在这个自由输入源中输入的脉冲数是偶数还是奇数。网络的记忆可以拓展到无限长的时间内。换句话说，这个网络能够对脉冲进行计数，并存储脉冲数的奇偶性。根据这一思想设计出来的晶体管网络，使得比特位计数电路（计算功能）和存储器（存储功能）得以实现，电子计算机由此诞生。

从异或网络建立之初，这种记录脉冲奇偶数的能力就显示了出来，数学家称之为以 2 为模的计算。这种能力还可以进一步扩展。通过将多个异或回路串联起来，我们可以构造出计数能力达到 2 的高次幂的网络。这种网络的简单性就是计算机通常使用二进制进行运算的根本原因。对这个回路略做修正，我们就能构造一个可以进行算术运算的网络。从这个意义上说，异或网络是构造通用可编程计算机的基石，它提供了存储和计算的能力。

根据上面的思路，我们可以构造一个带回路的网络，使它能够执行为通用可编程计算机编写的程序。任何以计算机为基础的模型所描述的处理过程都可以由这样的网络来模拟。相应地，我们可以证明任何不带回路的网络都不具有无限期记忆的能力，但这里不再赘述。很明显，不带回路的网络无法执行通用可编程计算机的各种计算工作。事实上，一个不带回路的网络——前馈神经网络所具备的功能只不过是带回路的网络所具备的功能的一个极小的子集。

EMERGENCE

我们在前面通过一个人造的神经元来对"异或电路"进行定义，这个神经元只有两个输入端，以及一个为 1 的固定阈值（见图 5-5a）。对于这个神经元，它的第一个输入 I_1 具有权重 +1，而第二个输入 I_2 具有权重 -1。这个神经元的行为可以通过一张表来描述（见图 5-5b）。我们可以从表中看出，当输入 I_1 输入一个脉冲，而 I_2 没有输入脉冲时，神经元将在下一个时间步长产生一个脉冲输出。这里的一个时间步长的延迟，就相应于前面麦卡洛克和皮茨讨论的处理时间。

这个表还说明，任何其他输入脉冲的组合，都不会产生脉冲输出。总之，这个神经元会在一个时间步长后产生一个脉冲输出，前提是当且仅当它的第一个输入源输入一个脉冲而第二个输入源没有脉冲输入。

我们现在增加第二个神经元，让它成为第一个神经元的镜像。当且仅当它的第二个输入源输入脉冲而第一个输入源没有输入脉冲时，第二个神经元会产生一个脉冲输出。我们再添加第三个神经元以完成这个回路。第三个神经元的两个输入的权重均为 +1（见图 5-5c）。当它的两个输入源中的一个输入脉冲或者两个同时输入脉冲时，它产生一个脉冲输出，相当于逻辑运算兼或（inclusive or）。

我们把前两个神经元的输出分别连到第三个神经元的两个输入上，形成一个异或回路。我们还可以将第一个神经元的输入 l_1 和第二个神经元的输入 l_1 连接起来，让它们拥有相同的输入源；对于两个神经元的 l_2 也做相同的处理（见图 5-5c）。这样最后形成的网络就将有两个输入和一个输出。输入 l_1 和输入 l_2 是自由的，因为它们传输的脉冲是由网络外部提供的。网络中的其他输入由它们所连接的神经元的输出值来确定。

通过这种连接，第三个神经元将会产生前两个神经元输出的逻辑运算"或"的结果。因为前两个神经元的输入是连接在一起的，在给定的时间内，这两个神经元中至多有一个会产生脉冲。当且仅当第一个输入源输入一个脉冲而第二个输入源没有输入脉冲时，第三个神经元在两个时间步长后输出一个脉冲，反之亦然（见图 5-5c）。按照规定，第三个神经元会产生对输入 I_1 和 I_2 进行逻辑"异或"运算的结果。

当我们将第三个神经元的输出连接到第二个输入 I_2 上时，网络中就会形成一个异或回路，这就产生了无限期记忆。输入 I_2 不再是自由的了，因为只有当第三个神经元产生一个脉冲输出时，I_2 上才会有脉冲。只有在网络开始运行时才需要"用户"来设置 I_2 的值：我们只能在开始的时候说明网络的状态，这也就是物理学家所说的**边界条件**（boundary condition）。通常，我们将网络的初始状态设置为静止的，即开始时网络中没有脉冲循环。也就是说，我们初始时设置 $I_2=0$。这之后，I_2 的值就由第三个神经元的输出来决定。

由于输入 I_2 的值已经被限定了，所以那些从网络外部输入的脉冲都被指定为输入 I_1（见图 5-6）。如果开始时神经元是静止的，设时间 $t=1$，那么在 I_1 上有脉冲输入之前，神经元一直保持静止状态。当有一个脉冲出现时，它将在回路中不断循环直至 I_1 上产生第二个脉冲。如果第二个脉冲始终没有出现，那么网络将无限期地持续这种状态。也就是说，网络将在无限长的时间内记住第一个脉冲的发生。如果在第二

个脉冲产生之后 I_1 上产生了第三个脉冲，网络将再次发射脉冲，并且等待下一个脉冲的来临（见图 5-6）。

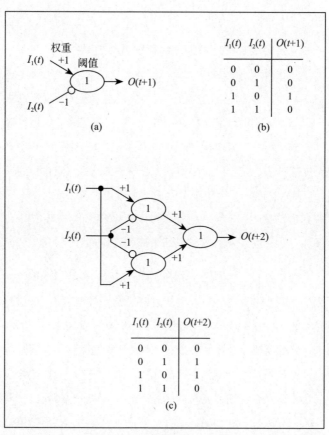

图 5-5　神经网络的"异或"关

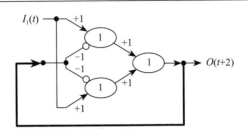

如果规定 $I_1(t)$ 上的脉冲只在偶数的时间步长发生，则整个网络的行为是最容易理解的

当这个网络收到一个脉冲时，它可以通过继续发射输出脉冲来长期地标记这一发生的事件

t	1 2 3 4 5 6 7 8 9 10 11 ...
$I_1(t)$	0 0 0 1 0 0 0 0 0 0 0 ...
$O(t)$	0 0 0 0 0 1 1 1 1 1 1 ...

如果收到不止一个脉冲，而且脉冲的总数是奇数，则只能在（1）时输出

t	1 2 3 4 5 6 7 8 9 10 11 12 13 14 15 16 ...
$I_1(t)$	0 0 0 1 0 0 0 1 0 0 0 0 1 0 0 0 ...
$O(t)$	0 0 0 0 0 1 1 1 1 0 0 0 0 0 1 1 ...

图 5-6　神经网络的无限期记忆

神经网络模型中的涌现

现在，我们在一个模仿中枢神经系统的带有回路的神经元网络

模型中观察涌现现象。在循环网络中，对一个简单的模型的认可证实了起始激发阈值、疲劳和扩展的赫布定律的重要性。这个模型以循环神经元网络中脉冲的循环——反射（reverberation）为基础。这个模型同时表现出了一些描述环境的新特征，这些都是塞缪尔没有考虑到的。

模型的组织

1. **输入。**我们假定输入来自一只带有"视网膜"的"眼睛"，在"视网膜"上有大量的输入神经元（见图 5-7）。这些输入神经元按一定方式排列，形成了一个高分辨率的中心区域。这个区域周围区域的分辨率都比它低，这与哺乳动物的眼睛极为相似。在前馈神经网络中，这一系列神经元应该被称为输入层。

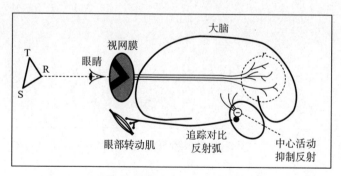

图 5-7　带环路的神经网络行为（经过高度艺术处理）

在这个模型中，眼睛用来观察简单的几何图形的线条，例如三角形和正方形。在这些几何图形中，明暗的对比很明显，线条比背景显著，而线条端点，即顶点，则最为显著。

2. **处理**。为了简单，这个模型通过大量的随意相连的神经元来完成它的中央处理过程（见图 5-7）。也就是说，中心组中任意一个轴突伸展出的分支，都可以随机地与该中心组中的其他突触相连。这种连接一经建立，就会固定下来。当然，这种设定忽略了真实神经元系统在进化过程中产生的结构上的偏差。然而，使用这种没有内部结构偏差的模型是有好处的。从这个网络模型中总结出的特征都是学习研究的结果。我们是不可能从内部结构的偏差中得到它们的。

这种随机的相互连接给模型提供了大量长短不一的回路。实际上，这正是模拟了哺乳动物神经系统中连接极其紧密的循环结构，而在复杂的循环系统中，结构偏差更多。

3. **输出**。增加了这一部分之后，整个模型的组织结构就完整了。我们提供了一个反射动作来控制眼睛的运动。这就类似于人的反射能使自己的目光追视视线范围内的运动物体，例如，我们看到一个扔出去的球或飞翔的鸟飞出了视线。在这个模型中，我们把这种反应动作称作**追踪对比反射**（shift-to-contrast reflex）。这个反射一旦被激发，就能够驱使眼睛转向新的对比明显的点，比如从一条线的一个顶点转向它的另一个顶点。

当这个模型的中央处理部分的神经元工作频率过高时，这种追踪对比反射的功能可以用于抑制其处理频率。当处理频率降低后，通过疲劳这一机制，反射动作就被释放。我们还可以加上一点自己的想象，当中央处理过程对当前的观察感到疲劳时，反射动作就被释放。对于简单的几何图形，反射动作可以使我们的视线转移到所观察图形的一个新顶点上。

涌现行为

现在我们来考察中央处理器中大量的回路。我们会发现三个涌现现象：**同步**，神经元组同步进入激发状态；**预测**，神经元组准备对将要发生的刺激做出反应；**层次**，新组成的神经元组对已形成的神经元组做出反应。下面我们一一分析这些由网络模型直接产生的现象。

当把一个几何图形置于视线范围内时，整个过程就开始了。因为有对比反射功能，所以视线始终集中在某一个顶点上，假设该点为R。从R上发出的光线会照射到视网膜——输入层中分辨率较高的区域的神经元上（见图 5-8）。结果，这些神经元开始以高频率发射脉冲。这些脉冲通过轴突分支传播到中央处理器的神经元子集上，我们把这个子集称作 r。因为由输入轴突形成的大量脉冲到达突触的表面，r 上的神经元也开始以高频率发射脉冲。

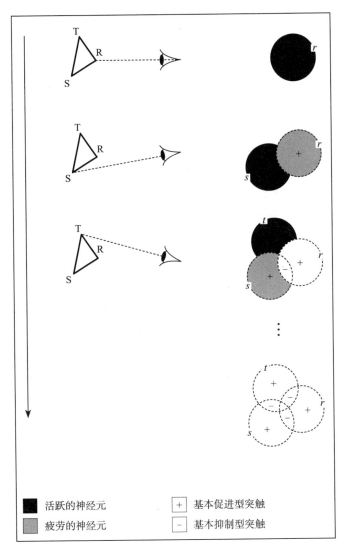

图 5-8　输入控制的反射作用

1. **同步的产生**。r 上的神经元相互连接形成回路，这是由于中央处理器被设计成了随意连接的模式。所以 r 上的神经元能够收到从 r 的其他神经元发射出的脉冲，同时还能收到输入层输入的脉冲。r 上的脉冲在已形成的回路中不断循环。观察结果表明，可变的激发阈值和较高的激发频率共同作用，导致这些活跃的中央处理器神经元同步发射。它们开始进行反射。不属于这种同步组的神经元在脉冲到达时，很可能处于可变的激发阈值的高限额部分，所以它们不会再发射脉冲。这样造成的结果是，**除草**（wedding-out）程序会比较照顾同步组中的神经元。

因为在同步组中的神经元会互相发射脉冲。根据赫布定律，它们之间的联系会进一步加强。这种同步将成为自我增强式循环。结果，在同一方向上的一个顶点的显示，将会更有效地促进这些小的、自我增强式子集做出反射。中央处理器已经学会了通过子集的反射作用对顶点做出反应。根据赫布定律，这样的一系列紧密联系的神经元被称作细胞集群。

如果没有疲劳的话，这些同步子集将会无限期地反射下去。然而，这么高的发射频率会渐渐导致疲劳的增加，从而提高所涉及的神经元的激发阈值。在这种情况下，同步会失效，整个细胞集群就会停止反射。

接下来是对新顶点的识别。中央处理器的高频发射使得脉冲发射不再受到限制，这时，追踪对比反射功能开始发挥作用。当目光转向一个新的名为 S 的顶点时，它在高分辨率的视网膜区域形成了新的图形（见图 5-8）。接着，它会在视网膜上产生一个新的子集并以较高的频率发射。这些输入神经元的轴突连接到了中央处理器上的不同神经元子集。我们把这个子集称为 s。

如同在 r 上一样，反射在 s 上也成立，但它们有一个很重要的区别。从 s 组传送到 r 组的脉冲不能成功地促使 r 上的神经元发射，因为这些神经元已处于较高程度的疲劳状态。赫布定律的最后一部分开始起作用了。这些特殊的突触强度大大降低；出现几次这样的情况之后，它们实际上可能会出现负值。也就是说，s 组活跃的时候，它们会抑制 r 组上的神经元的发射。

当追踪对比反射以相反的顺序先后集中在这两个顶点上时，先集中在 S 上再集中在 R 上，产生的效果相同。很显然，在这些条件下，一个中央处理器神经元可以属于 s 组或属于 r 组，但不能同时属于这两个组。我们再一次碰到了逻辑中的"异或"运算。赫布定律和同步发射、疲劳相结合，从而导致 s 组和 r 组不会有相交的部分。中央处理器能够很好地区分这两个不同顶点的显示。而且这两种显示会互相抑制，因为连接两个顶点的突触带有负值。每个时刻只有一个组可以进行反射。

如果几何图形是三角形，那么我们对它进行说明时就要用到三个顶点 R、S 和 T。当追踪对比反射反复扫描这三个顶点时，中央处理器逐渐开发出三个可以进行反射的组 r、s 和 t，并且这三个组是互斥的（见图 5-8）。

2. **预测的实现**。r、s、t 三个组的疲劳及它们之间的相互抑制产生了一个意想不到的结果：预测。这一点正好对应于塞缪尔的跳棋程序中的预测：对未来行动的预期。在这两种情况下，我们可以对未来进行虚拟的发射，以免系统产生不可挽回的错误——跌落悬崖。下面所举的例子虽然对于这种大规模的发射现象来说稍显简单，但我们可以从中理解其要点。

当某些组，例如 r 组产生强烈的反射之后，开始产生预测。r 组进行反射时，它会阻止 s 组和 t 组进行反射。实际上，由于 r 组发射的脉冲抑制了 s 组和 t 组的活动，所以这两个组中的神经元以一种比中央处理器中其他神经元低得多的频率发射脉冲。结果，相对于其他神经元来说，它们的疲劳降到了反常的低水平。

当 r 组的神经元开始疲劳时，它们对 s 组和 t 组的抑制开始减弱。低水平的疲劳及由此产生的低激发阈值，使得这两个组中的神经元比中央处理器中其他神经元对输入的脉冲更为敏感。眼睛中传入一个很微弱的刺激到 S 和 T 的相应区域，都会导致其中一个组的神经元优先于中央处理器中其他神经元发射脉冲。通过这些高度敏感的神经元，中央处理器可以预测下一个刺激将会从哪一个顶点发出。

现在，如果输入神经元支持 s，那么随着 r 组对它的抑制的减弱，s 组的发射频率会逐渐提高。s 组发射频率的提高又会抑制 r

组的发射，因为 s 组通过与 r 组和 t 组相连的突触施加抑制作用。r 组的发射频率继续减弱，这导致了发射活动迅速从 r 转移到 s。过渡过程就这样完成了。

相同的过程轮流发生在 s 和 t 上，最终结果是三个组的轮流反射，而它们反射的顺序与三个顶点的扫描顺序相同。因为任何一个小差异都会导致追踪对比反射以不同的顺序扫描三个顶点，所以结果序列很可能是这样的：r, s, t, s, t, r, s, t……直到这三个做出反射的、相互排斥的细胞集群序列包含了三角形的三个角，这个过程才完成。

更为重要的是，当 r 发射时，它会通过降低 s 和 t 的疲劳程度来使中央处理器发射 s 和 t 的脉冲。实际上，当中央处理器"看到"三角形的一个顶点时，它会预测到紧接着的将会是其他两个顶点。除非环境中的其他部分有非常强的刺激才能够推翻早先的预测。中央处理器甚至能接受不符合标准的刺激。也就是说，即使 S 是不符合标准的顶点，s 组仍能够以正常的敏感度发射脉冲。这时候观察者看到了一个微弱的甚至不存在的顶点。这种"填充"在人类的视觉心理学中是常见的，它实际上是对熟悉的现象的记忆。

3. **层次的形成。**一旦 r、s、t 通过赫布定律的作用建立起了它们的序列之后，接下来的步骤将涉及一些特殊的神经元。在中央处理器中会有一些神经元可以同时与 r、s、t 三个组连接（见图 5-9）。显然，这种情况是中央处理器的随机连接方式造成的。这些神经元会有一些带很少分支，甚至不带分支的轴突直接连接到 r、s、t 上。我们用 v 来标识这一系列没有反向连接的神经元。尽管 v 中神经元的相互连接模式并不典型，但实际上，如果中央处理器中包含这种神经元，它们的数量将会很多，大概在 1000 以上。虽然 v 中的神经元并不是最典型的，但它们的数量用于统计仍是足够的。

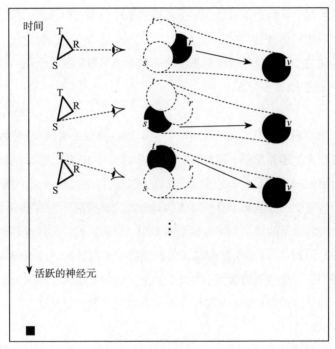

图 5-9　细胞集群的层次反应

让我们来看看 v 中神经元的脉冲发射模式。这些神经元被 r、s、t 中的神经元激发，但它们并没有反向连接用来参与反射。当 r、

s、t 中的神经元正在反射时，v 中的神经元会以高于平均水平的频率发射，但它们不会按同步模式高频率发射。结果，v 中神经元的疲劳速度会慢于那些反射神经元。这样一来，只要 v 中的神经元被 r、s、t 中的神经元激发，就可以在足够长的时间内以高于平均水平的频率继续发射。v 中神经元高于平均水平的发射频率会持续一段时间，而且这个过程可能会与反射的一些步骤相重叠。

r、s、t 的序列规则，也就是相互抑制的机制一旦开始执行，就会为 v 中的神经元提供持续不断的输入。赫布定律增强了这些反射组与 v 中神经元的联系，进一步加强了这种效果。当 r、s、t 的序列继续发展时，v 中的神经元会继续以高于平均水平的频率发射，所以，这些神经元实际上是对整个三角形做出反应，而不仅仅是对三个顶点做出反应。

换一种说法就是，r、s 和 t 中的神经元通过追踪对比反射的功能调整模式，使得 v 中的神经元能够作为一个整体来对它们做出反应。中央处理器构造了一个层次，这个层次是 v 中的神经元从眼睛提供的信息中提取出来的。

关于神经网络模型涌现问题的主要观点

关于神经网络还有很多可以讨论的内容，但是对涌现问题的研究而言，我们已经讨论了足够多的要点。

1.通过一种内部可以相互连接的带有大量回路的网络，我们发现了以神经元的子集为单位集中做出反射的可能性。这种行为可以提供无限期记忆，并且它还可以使神经元组织成为一种互相协作的集合，这种集合将成为有序行为的构件（Hebb, 1949）。

2.下面这三种简单的机理大大推动了人们对神经元网络所产生的行为的研究：

- **可变的激发阈值**。当一个神经元的脉冲发射逐步增强时，它的激发阈值就会逐渐降低。如果这个神经元在一段很长的时间内保持静止状态，它的这种激发阈值的降低导致它对到达的脉冲越来越敏感。这种可变的激发阈值使神经元充当起了频率调节器，神经元的发射频率是对到达它表面的脉冲强度的反应。

- **疲劳**。长时间以高频率发射的神经元的激发阈值将持续增加，实际上整个可变激发阈值曲线会转而上升。反之，长时间以低频率发射的神经元的激发阈值会持续减小。疲劳最终将迫使神经元的发射频率回到正常水平或设定值：任何神经元都不可能持续以高于或低于设定值的频率发射脉冲。

- **赫布定律**。如果神经元 X 在 t 时刻发射，而神经元 Y 在 t+1 时刻发射，那么，X 的轴突与 Y 连接部分，也就是突触，都会增强。相反，如果 Y 没有在 t+1 时刻发射，那么那些突触会减弱。赫布定律对于那些和这两个神经元无关的发射不起作用。使用塞缪尔的信用赋值理论，赫布定律不需要了解任何系统活动，就可以对信用（突触的权重）赋值；它不需要任何仲裁者和执行者就可以起作用。

疲劳和赫布定律促成了神经元反射集的形成。通过适当调整外部刺激的顺序，这个集合也会形成序列。在有追踪对比反射和眼睛的快速扫描的情况下，外部刺激的序列会自动生成。疲劳和赫布定律还导致了在互相排斥的对象——例如三角形的三个顶点的刺激下，集合间的相互抑制。这种相互抑制的发展，会使得不活跃的集合按非正常的顺序以低频率发射。结果，这些集合会获得低得反常的疲劳程度，它们会变得比其他集合更急于反射。这时预测就产生了：还没有发生的刺激序列可以通过相应的过度敏感的神经元集合进行预测。

3. 健全的反射神经元集合序列会通过正规的方式刺激其他神经元。赫布定律创造了新的神经元集合，从整体上对这个序列做出反应。例如，对于一个三角形，通过快速扫视和追踪对比反射，可以产生三个相互抑制的反射集合序列。这个序列逐步发展起来时，会产生另一个集合，从整体上对这个序列做出反应，也就是对三角形的三个角做出反应。从这里我们又引出了层次的讨论，层次是从外部刺激的规则中产生的。

4. 先前没有遇到的形式虽然是新事物，但它们还是会按新的方式排列、拼接构件，从而形成成熟构件的集合。这些集合成为新形式下的构件。这个过程是很常见但非凡的人类能力，即"分解"能力的初级阶段。人能够毫不费力地将不熟悉的场景分解成一个个熟悉的对象，就算最精密的计算机程序至今也无法做到这一点。

　　带回路的神经元网络所有这些可能产生的行为，正是那些单调平凡的机制相互作用后形成的精妙结果。回路产生了反馈，这使人们具备了无限期记忆的能力，即在无限长的时间内对过去的事物保存记忆的能力。计数、算术、通用计算和需要对环境进行模拟探测的智力模型，都必须具有无限期记忆能力。同样，疲劳会减弱性能的观点也不会影响它在预测中的重要作用。

状态与策略

　　神经网络的构造给了我们第二个具体例子，说明"复杂源自简单"。当塞缪尔的国际跳棋程序持续战胜它自己的时候，国际跳棋程序具备的专业知识已经明显超出了塞缪尔提供给它的那些。同样，当一个神经网络形成了与刺激相关的反射集时，它所获得的行为和组织结构也无法在最初的随意联结模型中找到了。在这两个例子中，我们都可以看到简单的机制会产生连设计者都无法解释的复杂行为。

　　从一些简单机制的相互作用中导出的复杂性，与通过一些规则定义的游戏的复杂性一样难以理解。在游戏中，各种可能性都是由游戏开始时遵循的规则决定的。然而，我们要花费很多时间学习，才能了解所有这些可能性。当我们了解了这些可能性后，就会发现很多不可预测的规律性和对称性。几个世纪以来，人们通过对象棋的研究得到了一些有助于获胜的模式：通路联兵、开局弃子法、增强移动性的方法等。当我们研究基于相互作用机制的模型时，也会产生类似的规则和模型。尽管自从牛顿方程提出来时，我们就已经开始研究它了，但它所包含的规律，至今仍能揭示很多新的规则和可能性。

如果回到在讨论那些游戏时使用过的具体技术，即回到基于状态和决策的描述，我们就会对这些共性有更深的理解。我们来回顾一下：国际象棋的规则确定了一个竞技场、一种环境，棋手必须在这个环境中采取行动。任何时候，棋盘上棋子的摆放都决定了这个时刻的环境状态。国际象棋程序通过一系列特征探测器来了解环境状态，并且通过特征探测结果的加权和做出决策。根据这个决策所做出的行动又会改变游戏的环境状态。

我们怎样才能用同样的方法描述神经网络呢？我们首先将中央处理器与棋手对应起来。那么，在我们前面给出的例子中，中央处理器的环境指的是给出的图形，而且从中央处理器的角度来说，环境状态是指正在被观察的图形的一个特殊部分。在各个神经元集合上的反应的发出和消除，则决定了图形焦点的变化，所以这些集合也决定了中央处理器的决策。和塞缪尔的国际跳棋程序一样，这个决策决定了环境状态的改变。

这种对比并不仅仅是术语的比较。状态和决策的概念是汇集了相当多学科知识的、完善的技术概念，而且它们应用广泛。特别要指出的是，这些概念帮助我们区分了系统中的特殊细节和一般规律。这一点是确定涌现现象通用的思想和方法的基本步骤。

确定模型的规则选取

无论是在游戏中还是在自然科学中，涌现的重点都在于选取那些用于构建模型的规则。在这里，我们可以从一个不同的角度提出中心问题：人类是如何运用他们描绘复杂性的有限能力，从复杂事物中提取出重要的规则和机理的？科学家是如何从世界上很多无法预料的现象中，总结出有效揭示它们的规律的？

当我们开始注意世界上的一些复杂模式——战争中军队的调动或者夜空中的"漫游者"（行星）的运行模式时，构建基于规则的模型的过程就开始了。刚开始时，我们对候选的规则不甚了解。我们在选择规则之前，需要尝试推导出这些规则产生的结果，但是这样做需要花费很多时间。真正选择规则的过程则是完全不同的。推导和演绎的作用是有限的，在做选择时，我们也只能粗略地猜想可能出现的情况。还有一些其他的处理步骤也需要用来协调感兴趣的模式和希望模拟这个模式的规则之间的转换。

根据定义，选择的过程应该是一个归纳的过程——从详细的说明到精减的、抽象的描述。在这里，我们又一次看到了精减细节的重要性。了解什么内容可以忽视并不是通过推导和演绎所能解决的，而是要通过体验和训练来解决，在艺术性、创造性的工作中更是如此。当这一过程完成之后，得到的描述揭示了很多原理、规则和机制，这些就是我们要获得的内容。

以国际跳棋程序和神经网络的例子作为开端，我们把涌现置于一个更大的框架中。然后，我们就可以把实例的特征和与涌现相关的必要元素区别开来。这个大框架可以帮助我们将建模的处理和其他一些用于理解涌现的活动联系起来，例如创建隐喻、创作故事和诗歌。

EMERGENCE

第 6 章

普适理论框架

FROM

CHAOS TO

ORDER

现在，我们回顾一下前面分析过的有关涌现的例子中的一些共同要素。

- 每一个例子都是通过某种方式为真实的世界建立模型。甚至像国际象棋这样的游戏，事实上都是来源于早期战场上的真实场景，后来欧化以后，棋子仍保留着战场中各角色的名称：骑士、城堡、兵，以及主教 [①]（与十字军东征有关）等。

- 每一个模型都包含一定数量相互作用着的棋子、粒子或部件（类型）。在国际象棋和国际跳棋这类棋类游戏中，我们面对的是具有一定名称的棋子。在神经网络中，我们考察的是有特定属性的神经元；在包含多种类型神经元的复杂神经网络中，我们提到了可变阈值、疲劳、赫布定律等。在物理学和化学模型中，基本组件是基本粒子和原子。模型的复杂性正是由这些组件之间的相互作用产生的。

[①] 分别对应我们常说的马、车、兵、王。——编者注

- 这些模型组件的配置会随着时间的变化而改变。通过仔细建模，这些组件下一步的配置都将完全由任意时刻前面一步的特定配置来决定。在棋类游戏中，我们只需要知道棋子的当前排列就能决定下一步所能采取的合理走法。在神经网络模型中，每个神经元的激发状态（有无脉冲），以及它的阈值、疲劳程度、突触权重共同决定了下一步将要发生什么。在经典的物理学和化学中，我们需要知道的只是相关粒子的位置和能量。也就是说，整个模型的状态是由元素的配置决定的，未来的可能性仅仅取决于当前的状态，而与达到这个状态的过程无关。

- 相互作用往往受到一套简明的规则或方程的约束。所有可能的状态或配置序列都是根据这些规则重新排列的结果。在棋类游戏中，整个游戏是由一些规则定义的。在塞缪尔的跳棋程序中，一系列补充规则——计算机子程序，运用基于游戏规则的一棵展望树，决定了特征权重的变化。在神经网络中，我们也通过一些规则和一系列补充规则，决定当激发任一给定的神经元时，突触权重是如何变化的。在国际跳棋程序和神经网络中，我们借用了对策论中的一个词"策略"来描述这些补充的规则。稍后，我们还将把它们与另一个更技术化的概念"转换函数"联系起来。

在 20 世纪 40 年代可编程计算机出现之前，模型方法的使用受到组成类型数量和支配规则数量的严格限制。有时，一个设计巧妙的模型可以帮助人们思考探索理论的正确性，例如，爱因斯坦设计的关于量子理论的实验（Jammer, 1974）。另外，我们还可以通过用纸和笔设计的模型来研究数学理论和规则，偶尔还可辅以大量的手算。但是人的手是受大脑控制的，在一小时内能做的工作很有限。甚至我们穷尽一生使用纸笔研究，都无法揭示有限数量的元素和规则产生的所有可能结果。因此，虽然我们已经研究了好几个世纪，但国际象棋和围棋的十几条游戏规则，或者欧几里得几何的 5条基本公理，仍能继续不断地给我们带来惊喜。

基于主体的模型

如果模型的组成元素数量庞大而且易于变动，那么使用纸笔研究的局限性会变得很明显。以市场举例。决定市场状态的贸易谈判依赖于各个主体，即买卖双方进入和离开市场时的目标和策略。像股票和商品这样的大规模市场，因其复杂性和不可预测性而著称。甚至是十分简单的市场模型，由于受到买卖双方行为的严格限制，也会显示出非常复杂的动态性（Arthur, et al., 1997）。偶然出现的市场崩溃和泡沫经济，会导致市场活动和价格水平产生突然变动。市场模型可能会稳定地运行成千个模拟工作日，只带有一些小波动，然后突然进入一种全新的状态，这与真实市场非常类似。不管这些研究结果是通过计算还是数学分析得到的，它们都是使用纸笔的研究工作远无法得到的。

我们这个世界的状态，可以很自然地由其中具有决策能力的个体间的相互作用来描述，这一点和游戏很类似。当我们给这样的系统建模时，这些个体就被称为主体，这个模型就被称为基于主体的模型。在各种社会机构中，如在政府部门、商业机构中，制定计划的主体是人。有时，我们不考虑小的细节，只考虑一个部门甚至整个政府在处理国际关系时的计划，这时，部门或政府就是主体。在每个层次上，我们都能设计出基于主体的有趣模型。这一规则也适用于生态系统，我们可以挑选一些相互关联的物种作为主体。或者在免疫系统中，我们可以将各种抗体作为主体。当把染色体中相互作用的基因或是细胞中的细胞器当作主体时，我们也可以由此获得一些新的理解和认识。当然，所有这些系统都展现出涌现现象。

　　基于主体的模型所涉及的范围之广，以及它与涌现研究之间的明显联系，都提醒我们在为涌现研究提出一个普适框架时，如果我们能够处理这种复杂性，就应当认真考虑基于主体的模型。第 5 章开始时对蚁群的讨论正说明了这一点。描述蚂蚁个体行为的指令系统，其规则可能很少，群体的复杂性来自大量的蚂蚁个体、不同蚂蚁个体之间、蚂蚁和环境之间的相互作用和相互影响。在这一点上，蚁群和神经网络类似，即整个系统的灵活行为依赖于由相对较少规则控制的大量主体的行为，在神经网络中，主体是神经元。在许多基于主体的模型中，大部分复杂性都源于其涉及的主体数量巨大。

　　当一个系统所包含的主体数量很大时，无论简单与否，它的"遍历树"，即相互作用的可能性范围，都将大大超出国际象棋或国际跳棋庞大的遍历树。因为主体个体的行为受当时环境中其他主体和对象的影响，所以我们不太容易从一个"一般"的个体行为中预测出所有主体的行为。特别是如果主体个体会不断学习、适应环境，那么这个难度就更大了。正如在国际象棋和神经网络的例子中，主体的策略不仅会受目前状态的影响，而且随着时间的流逝，它的策略规则也会变化。随着这些困难的增加，涌现行为也逐渐产生了。

人们虽然早就意识到研究基于主体的模型是非常必要的，但是仅仅通过纸和笔来研究如此复杂的模型几乎是不可能的。计算机的出现改变了这一切。现在，我们已经可以使用计算机来深入细致地研究基于主体的模型。

计算机模型的优势

可编程计算机的优点在于它能反复执行同一段程序。当我们编写程序时，会编写大量的子程序，反复执行一系列指令直到满足某一条件。这些子程序可以将屏幕上的一组亮点组成字母 A，也可以计算出一个模拟神经元的疲劳程度。我们可以将这些子程序连接在一起组成一个最终产品，它可能是一个面向屏幕的字处理器或者是对神经网络的模拟。

原则上，我们也可以使用纸和笔来执行这类程序中的指令，毕竟，程序只不过是按指令行事。但是这个过程非常耗时，要花费的时间超出了人们所能忍受的限度。几个世纪前的某些人花了几年，

甚至几十年的时间来计算 π 的小数部分，π 的复杂性在于它无法
简单地由整数的比率来表示。虽然这个工作确实揭示了 π 的很多
有趣属性，但从通常意义上看，这并不是创造性的工作，这个过程
只是在反复执行一些简单的例行步骤而已。

现在，使用笔记本电脑执行相同的程序，只需花几分钟就会得
到相同的结果。袖珍计算器常常通过子程序来即刻计算出 π 这种
数字的 8 位或 10 位，而不是用存储寄存器来精确保留数据。实际
上，计算器也可以通过程序对那些记录在扩展表，例如 R. S. 伯灵
顿（R. S. Burington）于 1946 年制作的表中的数据进行实时计算，
工程师们曾经需要随身携带这些数据和计算尺，现在它们和计算尺
一起，都已经被便携式计算器取代了。

计算机的高速度给计算带来了质的变化。我们可以对一些要求
多次重复的过程进行研究，如计算 π，它往往也还只是一些大工
程中的一小部分。通常我们能够建立的模型是由很多子程序连接而
成的。这些程序具有模块化的特征，很适合建立基于主体的模型。
首先，我们将定义主体个体的规则转化为子程序，即指令序列，有
些类似于塞缪尔的国际跳棋程序为定义特征编写的子程序。其次，
我们用一些附加的指令（Holland, 1995）将这些子程序连接起来，
以提供各个主体之间的相互联系。如果计算机有很多处理器，如并
行计算机，人们甚至可以把处理器分配给主体，当主体相互作用
时，信息就在处理器之间传递。无论计算机的硬件是怎样构成的，
其巨大的计算能力都可以支持对具有大量主体的模型进行探索。

对于这一类探索工作，计算机模型为理论和实验提供了一种有益的过渡形式。在通常意义上，计算机模型不能算实验，因为这些模型并没有直接操纵被模拟的真实世界。尽管如此，当执行这些模型时，在运行中（例如，在带回路的神经网络中出现的同步和反射）仍会揭示一些典型的模式和对称性。这些涌现的特征能为真实的状态提出实验的设计方案。尽管这些计算机模型并不是物理实验，但它们也是非常精确的。这些模型的定义和它所产生的结果之间的联系是很明确的。两次运行同样的模型，如果模型的设置完全相同，那么将会得到相同的结果。

计算机模型的精确性，使得它有些类似于基于方程或公理的数学模型。但是当它运行时，只对特定的设置产生特定的结果；相反，数学模型产生的结果对某些给定的范围都适用。如果我们使用不同的初始设置，多次执行计算机模型，就能够辨别出在结果中重复出现的模式和规律。例如，我们能看出塞缪尔的国际跳棋程序总是给某一类特征赋予很高的权重，或者我们会发现，带回路的神经网络会不断产生小的反射集合。这些规律可以为我们构造数学模型提供线索，在这种数学模型中，我们也可以通过其结构推导出这些规律。也就是说，这些规律组成的定理可以由定义模型的那些公理（规则）推导出来。

计算机模型的结构中包含很多严格规定的模块（子程序），这一点对我们非常有利。我们可以通过分析程序模块来搜索所观察的规律的来源，可以通过改变被选择的子程序的结构和参数设置来证实对因果关系的一些猜测和假定。如果不同的变量在被观察的规律中产生同样的结果，那么就可以将这些变量合并，使之成为一个更加通用的数学模型。通常被选择的子程序可以转换成一些函数，这些函数也能表示所观测到的变量之间的联系。依靠洞察力和运气，我们往往可以根据这些函数提供的启示构建数学理论。

　　计算机模型大大拓宽了我们运用直觉的机会，它们充当的角色类似早期的思想实验和**封底计算**（back-of-the-envelop）①，但是计算机的高速运算极大地拓展了这个作用。计算机模型能够模拟主体的细节、主体间的相互联系和大量的主体，这些都无法通过纸和笔的运算得到。但是这样做也有风险，风险在于它包含了大量的细节，仅仅是因为计算机有能力进行相应的计算，而涉及太多的细节可能导致建造模型最终失败。第 10 章将再次讨论这个风险。当然，谨慎处理将会减少风险，而且这些风险不会影响我们所获得的机会。

　　另外，计算机模型还有一个有利之处。计算机程序的刻板性要求严密的设计。再多聪明的言语和一厢情愿的想法都不会让计算机模型偏离其要表述的规则的后续结论。尽管计算机模型并不能提供数学模型的普遍结论，但它确实能强化类似的规范。

———————————

① 化学中的一种计算方法。——译者注

涌现与非线性

　　在可编程计算机出现之前，人们在研究带有大量主体的模型时，只能假设主体个体都表现出一种典型的或者说是"平均的"行为，而整个模型的行为则可以看作这些平均行为的总和。对这些总体行为进行分析，我们通常能够得到关于多主体系统的有用信息。物理学中的统计力学方法（Feynman, et al., 1964）和研究生态系统相互作用的矩阵方法的运用（May, 1973），都提供了令人信服的例子。但是，我再次提醒你，这些平均行为有它的局限性。蚁群的行为并不是一群蚂蚁行为的简单相加。蚂蚁之间耦合的相互作用促使群体生存期更长的现象，远非简单相加所能够预测的。

　　涌现最初是一种具有耦合性的相互作用的产物。在技术上，这些相互作用以及这些作用产生的系统都是非线性的：整个系统的行为不能通过对系统的各个组成部分进行简单求和得到。我们不可能在棋类游戏中通过统计棋子各步走法来真正了解棋手的策略，也不可能通过蚂蚁的平均活动了解整个蚁群的行为。在这些情况下，整体确实大于部分之和。但是，如果我们考虑非线性的相互作用，就可以将整个系统的行为简化为其组成部分合乎规则的行为。

普适理论框架的基本要求

考虑到以上这些要点，我们能给涌现的讨论提供一个什么样的普适框架？这个框架应当具有什么样的形式呢？要回答这些问题，先要强调一些基本要求，然后列出一些特殊规定。在第 7 章，这些规定将转化成我们要提出的普适框架的组成部分。

到目前为止，有一点是很明确的，就是这个框架必须以建模为中心议题，它必须能提供一种方式来模拟各种带有涌现现象的真实系统，塞缪尔的国际跳棋程序和神经网络等不同模型，都必须能很好地包含在这个框架中。因为这些基于主体建模的系统经常表现出涌现现象，很明显这个框架必须能够以一种简单直接的方式处理基于主体的模型。最终，这个框架还必须能够帮助我们抓住模型中有组织的恒新现象，就像我们对游戏或者其他基于规则的模型的期望一样。

除了这些一般性之外，还有一个反复出现的主题对于涌现来说也是很基本的：在每一个具体情况中，都有一个程序自动产生一些可能性，并带有一系列约束条件来限制这些可能性。在国际跳棋中，我们在棋盘上有一系列可能的布局，但这些布局都受到游戏规则的限制。在神经网络中，单个神经元都有其可能的行为范围，但这些行为——激发频率，都受到它们与其他神经元之间联系的限制。我们的普适框架必须围绕这一主题来建立模型。

到目前为止，所有例子和讨论都围绕以下特殊规定展开。

- **状态**（state）。当研究棋类游戏时，我们能够把棋盘上棋子的布局转换为游戏的状态。对系统状态的正确定义（无论是游戏、神经网络还是物理学），都应当包含将会影响这个系统将来行为的过往的完备历史。这一特征大大简化了研究过程。一个用于涌现研究的普适框架应该将系统的状态定义得简单易懂，就像对游戏的定义一样。

- **博弈树**（game tree）**或转换函数**。博弈树统一了大量游戏的研究，这些游戏可以有明显区别，如国际象棋和纸牌游戏。博弈树对把策略确切定义为极小极大定理（von Neumann, Morgenstern, 1947）提供了理论基础，它还是塞缪尔在发展他的展望程序时使用的概念工具的主要组成部分。这个普适框架也必须能为研究其他带有涌现现象的系统提供类似的工具。很快我们就会看到恰当的概括就是转换函数这个概念。

- **规则或生成器**。博弈树是通过比较少的一系列规则隐含地加以确定的。本书关注的重点是，如何用比较少的一系列规则去定义较大的复杂领域。在对涌现的研究中，这种能力是必不可少的。除了游戏和神经网络外，我们还提到过欧几里得公理、牛顿方程和麦克斯韦方程组，这些也是由简单规则控制的模型。这些模型尽管定义很简单，但是即使经过很长一段时间的仔细研究后，它们仍然足够复杂到能使我们对其产生很多新的理解。在第 7 章，我将用**生成过程**（generating procedure）的概念来理解如何基于这些规则产生各种复杂的领域。

- **主体**。蚁群中的蚂蚁、神经网络中的神经元，或者物理学中的基本粒子都是主体。它们都可以由一些规则和规律来描述，这些规则和规律决定了这些主体在一个大环境中的行为。在每一种情况中，我们都能将这些主体的行为描述成待处理的物质、能量或信息，它们可以产生某些行为，这些行为通常就是物质、能量、信息的传递。说得更通俗些，主体的功能就是处理输入并产生输出。由状态这个概念，我们还可以进一步认定：正在被处理的一个输入状态产生了一个输出状态。输入状态由主体的当前实时环境所决定，而生成的输出状态则决定了主体将对当前实时环境造成的影响。当一只蚂蚁发现食物时（输入状态），它开始在路途上留下返回蚁穴的气味（影响环境的输出状态）。对于一个给定主体的相互作用则可以这样来描述，即其他主体对它的输入状态所产生的影响，这就像我们描述脉冲到达神经元表面时所带来的影响一样。

　　以上这些观察结果只是开场白，在第 7 章，我们用**受限生成过程**（constrained generating procedures, cgp）这个概念来为涌现研究构建一个普适框架。

EMERGENCE

涌现的受限生成
过程模型

FROM

CHAOS TO

ORDER

正如第 1 章提到的，希腊人从通过分析某些事物（如机器）的基本机制（如杠杆、螺丝等）中获得了不少启发。在本章，我们将利用同样的思路来建立一个类似的框架，并在这个框架下描述呈现出涌现现象的形式各异的系统，从而形成我们研究涌现现象的共同基础。希腊人研究机器的方法展示出一种有效且直观的思路，借此我们可以建立研究涌现现象所需要的普适框架。根据这种思路，我们可以从机制和它们相互结合的过程去分析和看待涌现现象。为了进行这样的分析，我们需要先扩充"机制"的概念。这种普遍性的概括与物理学领域的基本粒子概念很接近。物理学家会把某种基本粒子（比如光子）看作一种机制，因为它会引导某种相互作用（会使得一个电子改变其围绕原子核运行的轨道）。我们可以利用这种扩展了的机制概念来对产生涌现现象的元素、规则和相互作用进行精确的描述，例如前文提到的主体。通过比较若干截然不同的系统，我们发现通用规则和定律的可能性就得到提升，这些规则和规律将用来描述同样展现出涌现现象的其他系统。

　　要想获得普适框架所必需的普遍性和准确性，唯一可行的办法是采用一套合适的数学符号。尽管本章包括了大量这种符号，不过真正用到的也仅限于一些基本的数学概念，如函数和集合这些前面早已遇到过的概念。需要特别指出的是，本章并不需要读者复习相关数学公式或进行复杂的数学运算。当然，如果有些读者在中学没有接触过函数和集合这些概念，那么就需要花点功夫去弄清这些符号的含义，除此之外，在其他方面本章的内容都是自成体系的。

　　在前面的若干章节中已经进行过的研究，为这项工作提供了足够详尽的指导思想。我将把那些需求条件逐步转化成能够用数学表达的相应形式，并用一些篇幅来说明这种转化涉及的相关观点。我们将遵循科学家常用的由直观逐步走向精确的研究方法，最终结果将是一个我称之为"受限生成过程"的概念，它可以用来精确地描述一大类模型。由于生成的模型是动态的，所以我称之为"过程"；支撑这个模型的机制则"生成"了动态的行为，而事先规定好的机制间的相互作用"约束"或"限制"了这种可能性，就像游戏的规则约束了可能的棋局一样。到目前为止，我们研究的这些系统，都能够被描述成某种受限生成过程。任何受限生成过程都有可能表现出涌现特征。

　　概括地说，对受限生成过程的理解可以通过 4 个步骤完成。

　　1. 我们将规则的概念转换成机制的概念，如国际跳棋中"跳"的规则或赫布定律。正如规则之于游戏、定律之于物理学系统一样，机制将被用来定义系统中的元素。

　　简单来说，机制根据行为或信息做出反应，对输入进行处理，并产生最终的输出行为或信息。这里，我们举一个简单的例子：人类最早的发明——杠杆（见图 7-1）。当在杠杆的一端施加一个向下的力 $I(t)$（输入）时，就在杠杆的另一端获得了一个向上的力 $O(t+1)$（输出）。这个输出的力等于力 $I(t)$ 与两端的力臂长度之比的乘积（处理）。更复杂的机制可能会有多个输入，并产生若干个不同的输出。在这里，你可以联想到硬币分类机制。在一般用法中，"机制"这个词会有多种含义。但是在这里，我将用定义和符号来对这个词加以限定，使它有一个统一而明确的含义。

　　2. 我们将定义把多种机制连接起来形成网络的方法，这种网络就是前面所说的受限生成过程。很多模型都涉及不止一种机制，如物理学中不同的基本粒子，为了运用这种方法进行说明，必须明确某一机制的行为是如何影响其他机制的。

　　在这个框架中，正是机制间的相互作用产生了有组织的复杂行为。一般来说，规定的机制种类不能太多，要易于描述，刻意删减很多细节。尽管如此，相互作用的影响仍然可能出现，而这却很难通过考察单个机制预见到。实际上，当用到的基本机制的数量大大增加时，整个系统的复杂性也会迅速增大，正如我们在蚁群和神经网络的例子中看到的那样。

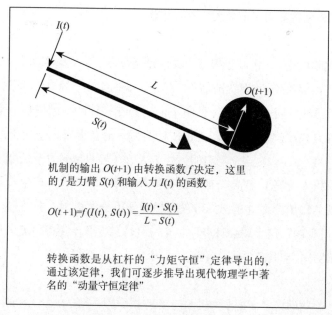

机制的输出 $O(t+1)$ 由转换函数 f 决定，这里的 f 是力臂 $S(t)$ 和输入力 $I(t)$ 的函数

$$O(t+1)=f(I(t), S(t)) = \frac{I(t) \cdot S(t)}{L - S(t)}$$

转换函数是从杠杆的"力矩守恒"定律导出的，通过该定律，我们可逐步推导出现代物理学中著名的"动量守恒定律"

图 7-1　一个简单的机制——杠杆

从前面以棋类游戏和物理系统为代表的受限生成过程的例子中，我们可以看到，游戏的固定布局或者物理系统中的几何形态往往会展现出一些约束性条件。我们先来看看能体现这类约束条件的连接。接着，我们将着眼于一种一般的情况，受限生成过程中的相互连接能够在一定条件下生成或被取消，从而改变已有的几何形态。这一点对于处理可变动主体的模型是十分有用的。

3. 这些机制一旦连接起来，我们就会遇到类似于决策树的情况：由一些带约束条件且相互作用的机制产生的所有可能性的集

合。前面已经考察过的例子表明，状态树是对游戏可能的行为过程
（如游戏的策略和动力学）进行建模的一种便利方法。为了进一步
地研究，我们现在需要把这样的概念扩展到一般的系统中去。

　　为此，我们需要定义总的受限生成过程的状态，这个状态是由
受限生成过程中组件机制的状态决定的。根据国际跳棋程序和神经
网络的相关研究，我们将把与受限生成过程有关的将来的所有可能
性看作一个单一实体，并将它称作受限生成过程的全局状态。接
着，我们继续去描述从一种状态到另一种状态的合规转换方式。这
样，按照上一章结束部分所建议的，我们就能够用转换函数来精确
描述状态的变化。

　　4. 我们还想提供受限生成过程中一个特殊的过程，并借此来定义
子集合的层次，这就是使用基本机制建立起更复杂机制的过程。正如
赫伯特·西蒙在 1969 年所指出的，这将更便于对系统加以解释，并
使得最终结构与大多数表现出涌现现象的系统的层次性相一致。

　　这种做法的主要优势还是古希腊人早已领悟到的那一点。整个
受限生成过程可以作为一个机制，用来建立更为复杂的受限生成过
程。这种处理方式与子程序颇为类似。子程序是由基本指令组成
的，这些指令是计算机程序中的基本元素。通过这样定义受限生成
过程的部分，我们就获得了系统的层次性，而这种层次性恰恰是展
现出涌现现象的系统的主要特征，例如生物学中的层次：分子、细
胞器、细胞、器官、有机体……

机制的状态

这里所用的术语"机制"是通过转换函数来定义的，该函数与第3章所描述的策略函数的概念很相似。在游戏的例子中，我们必须在定义遍历树和策略函数之前，先定义游戏的状态。同样，对于机制来说，我们必须在定义转换函数之前，先定义机制的状态。

为了研究机制的状态，不妨以手表作为一个简单的例子。手表具有这样的机制：上过弦的发条产生动力，动力通过棘轮带动指示器（指针）的旋转运动。这个机制的状态包括发条的松紧程度和棘轮的位置，当然也包括指针的位置。

如果我们把手表看作一种机制，就可以看到指针在手表的表盘上走动时呈现出的连续状态。而在其内部，指针的走动则是由棘轮和齿轮的运动，以及主发条的逐渐松弛等运动决定的，即由这个状态中的所有组件来决定。**状态轨迹**（state trajectory），即指针的运动所展现出的一系列状态，就是这个机制的动态行为。从某种意义上来说，手表并不是一个很典型的机制，因为它的输入是间歇性的，状态轨迹是在主发条每次旋紧后自主进行的，而更典型的机制往往会受到一个稳定的输入流的控制，其中输入流类似于决定棋类游戏如何开展的一系列决策。无论如何，手表还是可以作为动态性的一个范例，而这种动态性正是我们希望从机制中获得的。通过手表，我们得知了由多个较简单的机制（主发条、棘齿等）合成一个更复杂的机制的方法。和游戏的玩法可能受多个可组合的游戏规则约束一样，由不同简单机制组成的复杂机制，在受限生成过程中也发挥着重要的作用。

　　在下面段落中，我们将进一步对这些观点加以概括并规范化，从而为机制做出一个精确且普遍适用的定义，以便为普适框架奠定基础。

EMERGENCE

　　为了设计出相应的符号，我们必须将可能的配置用机制的状态来表示。假定这些状态都属于多个可区分配置的一个有限集合，那么在计算机中对受限生成过程建模时就必须满足一个必要条件，那就是要限制模型中出现的细节数量。我们用一个字母序列 $\{S_1, S_2, S_3, \cdots\}$ 来表示状态的集合 S，每个带索引下标的字母代表一种可能存在的状态。

　　将机制的当前输入值和当前的状态作为转换函数 f 的初始参数，就可以生成机制的下一个状态。因此，根据定义，我们必须将机制可能的输入参数和可能的状态表示出来。可以用如下方法，即给每个输入分配一个关于可能性的字母序列，这样输入 j 就会得到一组相关联的字母序列：$I_j = \{i_{j1}, i_{j2}, i_{j3}, \cdots\}$。这里写在字母 i_{jh} 下面的第一个索引下标 j 表示 i_{jh} 是输入 j 的一个可能取值，而第二个索引下标 h 则指明了输入 j

的可能取值的索引。这样我们就可以利用这些有两个索引下标的符号来命名可能的输入状态。例如，i_2 就是指输入 i 的第 2 种可能的状态。

如果这个机制有 k 个输入，这样就会有 k 个相应的数值 $\{l_1, l_2, \cdots, l_k\}$，一个数值对应一个输入。虽然并没有明确的要求，但这 k 个数值可能完全不同。如果我们有一种方法能够描述提供给机制的输入值的所有可能组合集 l，就可以得出更为清晰的符号。我们可以使用一套标准的数学符号来表示输入集合，定义 l 为 $l_1, \cdots, l_{1k}$ 的乘积，即 $l=l_1 \times l_2 \times \cdots \times l_k$。例如，如果有集合 $l_1 = \{a, b, c\}$ 和 $l_2 = \{x, y\}$，则有 $l = l_1 \times l_2 = \{(a, x), (a, y), (b, x), (b, y), (c, x), (c, y)\}$。也就是说，集合中所有成对的元素都可由下面的方法得到：先从集合 l_1 中选择一个元素，然后再从集合 l_2 中选择一个元素与之进行组合。

通过这种方法，转换函数 f 可以这样定义：

$$f: l \times S \rightarrow S$$

或者，按照定义展开 l，即：

$$f: (l_1 \times l_2 \times \cdots \times l_k) \times S \rightarrow S$$

为了讨论机制在特定的时刻的具体行为，我们需要用符号来表示 t 时刻的机制状态和输入状态。此时，只需对前面的符号体系稍做扩展就可以实现这个要求。指定 $S(t)$ 为 t 时刻机制的状态，$I_j(t)$ 为 t 时刻输入 j 的状态（输入值），那么机制的动态，即机制在一段时间内的行为可由函数 f 按照下面的公式确定：

$$S(t+1)=f(I_1(t), I_2(t), \cdots, I_k(t), S(t))$$

也就是说，f 根据机制在 t 时刻的状态 $S(t)$ 的值和输入 $\{I_1(t), I_2(t), \cdots, I_k(t)\}$ 来决定机制在下一个时刻，即 $t+1$ 时刻的状态 $S(t+1)$。如果还能给出 $t+1$ 时刻的输入 $\{I_1(t+1), I_2(t+1), \cdots, I_k(t+1)\}$，我们就可以再次利用函数 f 推导出机制在 $t+2$ 时刻的状态 $S(t+2)$，以此类推，还可得出机制在 $t+3$、$t+4$ 等时刻的状态。在一系列输入值组合 $I(t)$、$I(t+1)$、$I(t+2)$ 等的影响下，反复使用函数 f 可以生成连续的状态，即所谓机制的状态轨迹。这种反复迭代也正是生成过程的特性。

到此为止，我们还没有谈到机制根据输入序列所产生的输出。如果假定将机制的状态作为它的输出，我们则能够观察到机制中任何一件将发生的事情。那么，无须改变可建模的受规则约束的系统的范围，就能使符号得到简化。当然，实际情况远比这复杂，我们往往只能观察到系统状态的一部分，就像只能看到手表的指针而看不到其内部的工作机制一样。在学完下一节有关机制的相互作用后，我们就会了解如何解决这种复杂性。通过这种简化的符号系

统，转换函数 f 就完全可以确定机制的行为。注意，在符号混用的
情况中，符号 f 除了用来表示机制的转换功能外，还是机制本身的
名称。

机制的相互作用与连接

在受限生成过程的定义中，我们最关心的是建立一个普适框
架，以便能够在其中研究涌现的复杂性和涌现现象的各种例子，而
这些现象则是在受规则约束的实体的相互作用中产生的。在这里我
选择机制，以及由机制定义的转换函数作为这些规则的正式表示形
式。在这种设定中，当多个相似的机制相互作用时，它们所生成的
复杂性就会和涌现紧密联系在一起。我们现在所关心的是，为这些
相互作用提供一个基本机制的集合。

更详细的研究显示，受限生成过程的定义始于选择集合，即一
个机制集合 F，也被称为**初始因子**（primitives）。正是通过初始因
子，其他的事物才得以产生。F 中的机制等同于过去希腊人用来构
造机械的基本机制。当受限生成过程用来对游戏建模时，如神经网
络、元胞自动机或其他表现出涌现特征的系统，初始因子就是连接
起来构成模型的基本元素。

在这个精确的设定中，当一个机制的状态序列决定了另一个机
制中某一输入变量的序列值时，我们就说这两个机制相互连接。一

且选择了 F，我们就将 F 中机制的副本相连，构成一个相互作用的机制的网络，就像我们连接神经元以构成神经网络一样。简言之，当我们选择初始因子 F，并将其中的机制副本相互连接起来时，就可以获得一个特定的受限生成过程（见图 7-2）。

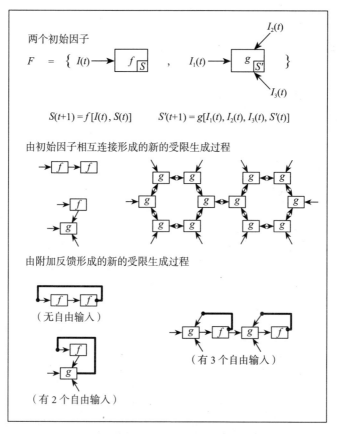

图 7-2　由一系列基本机制生成的受限生成过程

EMERGENCE

假设 F 是一个由 m 个基本机制组成的小集合，这些基本机制由转换函数 $f_1, f_2, \cdots, f_m$ 定义。F 中的机制可能有不同的状态集、不同的输入个数，以及对每个输入来说不同的字母序列。为了表示这种可能性，我们在表示变量的符号中再添加一个额外的下标来表现这些不同，即 $I_h = I_{h1} \times I_{h2} \times \cdots \times I_{hk\,(h)}$。这个公式表示机制 h 可能的输入组合，其中 $k\,(h)$ 表示机制 h 的输入个数。通过这样的扩展，机制 h 的转换函数 f_h 将变成如下形式：

$$f_h\colon I_h \times S_h \to S_h$$

为了完成受限生成过程的定义，我们还需要考虑如何使 F 中的机制相互作用。为了使两个机制能够相互作用，其中一个机制的状态应当在一定程度上决定另外一个机制的某个输入值。只有这样，这些机制才能被耦合或者连接起来，就像手表中的齿轮装置一样。因为这些机制有不同的状态集合和不同的输入字母序列，所以我们需要一个接口将机制的状态转换成另一个机制的合规输入（字母）。

因此，我们需要另一个函数来帮助我们精确地表达这个方法，这个函数就是**接口函数**（interface function）。通过对 F

中机制的不同状态集取并集，我们可以很容易地定义接口函数，即 $S = S_1 \cup \cdots \cup S_m$。因为 S 是几个集合的并集，所以一般来说，它将大于其中任何一个集合，比如 S_1。通过这种形式，我们就能把 S 作为所有接口函数的参数。为了理论表述的完整性，我们将某个函数 f_n 的禁止状态设置为一个虚值，实际上就表示"不允许"。

由于存在着不同的输入符号系统和状态集合，接口函数 g_{ij} 就必须和机制 i 中的输入 j 联系起来。也就是说，对于一个和机制 i 连接的机制，函数 g_{ij} 先将输入 j 作为该机制的初始值，然后通过连接该机制的状态，就可为机制 i 生成输入 j 的合规值（字母）。于是，g_{ij} 可用使用如下表达形式：

$$g_{ij}: S \to I_{ij}$$

即在任意时刻 t，机制 h 与机制 i 的输入 j 相连接：

$$I_{ij}(t) = g_{ij}(S_h(t))$$

也就是说，我们通过接口函数 g，根据机制 h 在时刻 t 的状态 $S_h(t)$，可以确定输入 j 在 t 时刻的输入字母序列。而没有连接的输入则被认为是自由输入，每一个自由输入都必须由外部环境（受限生成过程的外部）提供。实际上，自由输入也会被算进整个受限生成过程的输入总数里。

为了给受限生成过程提供一个完备的构造模型的空间，我们必须采用各种方法去连接 F 中的机制副本。其中最简单的方法是确定如何通过简单的受限生成过程创建出更复杂的受限生成过程。下面将从最简单的受限生成过程——从单个机制开始，然后再逐步达到我们的目标。

1. 受限生成过程 C 可以包含单个机制 $f \in F$。

2. 假设 C 是已经建立的受限生成过程，且 C 中的机制 i 有一个自由输入 j，将输入 j 与 C 中的某个其他机制 h 连接，即在 C 中建立从 h 到 i 的新连接，就能得到新的受限生成过程 C'。

3. 假设 C_1 和 C_2 是已经建立的受限生成过程，且 C_1 中的机制 i 有一个自由输入 j，那么将输入 j 与 C_2 中的某一其他机制 h 连接后，输入 j 就不再是自由的，这样一来，我们就会得到了一个新的受限生成过程 C''。

4. 通过以上三步，就可以建立所有以 F 为基础的受限生成过程。

我们用 $n(C)$ 来表示受限生成过程 C 中的机制总数（每个机制其实都是 F 中某一机制的副本）。那么根据集合 $\{1, 2, \cdots, n(C)\}$，就可以给受限生成过程 C 中的每个机制分配一个唯一的索引（地址）x。我们可以用下面的方法创建这种索引，类似于创建受限生成过程。

　　1. 若一个受限生成过程 C 只包含单个机制 $f \in F$，则 f 的索引就是 $x = 1$。

　　2. 若一个受限生成过程 C' 是通过将 C 中的一个自由输入和 C 中的某个机制连接在一起形成的，则索引不变。

　　3. 若一个受限生成过程是通过将 C_1 中的一个自由输入与 C_2 中的一个机制连接在一起形成的，则 C_1 中的索引不变，C_2 中的每个索引 x 都增加 $n\,(C_1)$ 以生成一个新的索引 $x' = x + n(C_1)$，即 $n(C') = n(C_1) + n(C_2)$。

　　一旦受限生成过程中的每一个机制都被分配了一个索引，我们就可以利用方格图来解释受限生成过程中的相互连接和邻接情况。方格图使我们联想到展现游戏的每一步走法的树形结构。方格图中的节点 i，相当于索引为 i 的机制。如果机制 i 被连接到了机制 j，则方格图中就有一个箭头从 i 指向 j。例如，机制可能被连接成规则的方格阵列，就像国际跳棋的棋盘一样。这样，每个节点就会有 4 个与之相连的节点，整个排列结果则呈现出方块砖的图案。但是，这并不是要求每种连接图案都必须是规则的，实际上它们可以是任何图案。我们甚至还允许节点（机制副本）的个数是无穷的，就像国际跳棋的棋盘一样，可以向两个方向无限扩展。

作为受限生成过程的元胞自动机

我们可以利用元胞自动机来测试受限生成过程对复杂系统进行建模的能力。元胞自动机是由 20 世纪两位著名的数学物理学家斯塔尼斯拉夫·乌拉姆和冯·诺伊曼提出的。乌拉姆的观点（参见他在 1974 年发表的文集）是构造一个由数学定义的物理空间模型，这样人们可以建立起更广义的"机器"的概念。这种模型物理学保留了现实物理学的精髓，包含一个几何图形和一个局部规则（转换函数）集合，该规则集合用来约束该几何图形中的每个点。乌拉姆认为，如果采用的是国际跳棋这样的几何图形，给每个方格（见图 7-3）赋予一个相等的有限状态集合，就可以通过指定一个转换函数来确定状态随时间改变的方式。冯·诺伊曼也用这种构建方法来设计在本书第 1 章提到的自我复制机器。元胞自动机被证明是检验复杂系统的有效工具，所以它也适合测试受限生成过程。

在元胞自动机中，每一个方格单元，或者说元胞，及其对应的状态和规则，构成了受限生成过程框架中的一个机制。也就是说，元胞的状态可以等同于机制的状态，而元胞自动机中的规则等同于机制的转换函数。这样一来，元胞自动机就可以被看作一个有着多个单一机制副本的受限生成过程。这些单一机制之间相互连接就会形成上一节所描述的规则的方格阵列。在这个阵列中，通过选择一种合适的状态模式，我们就可以为任何可能的机器提供一种行动蓝图。

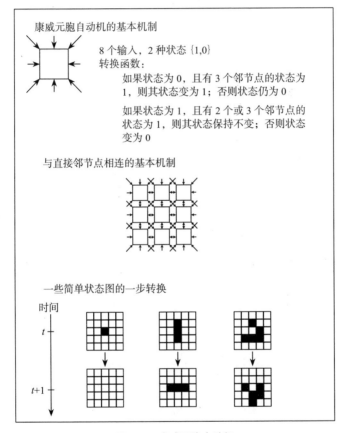

图 7-3 康威元胞自动机

一个简单的元胞自动机

约翰·康威（John Conway）设计并命名了一个名为"生命游戏"的很简单的元胞自动机。尽管这个"生命游戏"很简单，却提供了一些有关涌现的精彩例子。这里，我们将完整地解读这个元胞自动机的定义，并详细讨论其中一个具体的涌现的例子。在此之前，我希望你能够先读读马丁·加德纳（Martin Gardner）在1983年写的一本书，以便对前人已做的深入研究能够有所了解。按照受限生成过程的定义，"生命游戏"是由单一机制的副本形成的，这种机制仅有1和0两种状态。为了便于描述，我们可以假定当相应机制的状态为1时，元胞就被一个基本粒子占据；否则，元胞就是空的。正如前面所描述的，这些连接起来的单元形成了一个方格阵列，只是现在有8个单元围绕着一个中心单元并与之相连。也就是说，每一个节点有8个与之直接相连的邻节点（见图7-3）。

转换函数也很容易描述。若某一元胞是空的（状态值为0），且与之直接相邻的8个元胞中仅有3个是被占据的（状态值为1），则在下一时刻，该元胞就被占据；否则该元胞就仍保持空的状态。若该元胞本身就是被占据的，且与之直接相邻的8个节点中有2个或3个是被占据的，而其他节点保持空的状态，那么在下一时刻，该元胞仍保持被占据的状态，否则就变成空的状态。这种描述包含了全部的可能性。

看起来，这种简单的受限生成过程好像并没有提供多少有关涌现的指导性建议，但事实并不是这样。首先，我们从这个简单的空间中，完全可以看到一台可编程的通用计算机的计算功能。其次，可以在这个空间中设计一个某些方格被占据的图案，而这些方格之间的相互作用也能表现出"通用计算机"的功能。这样做的结果是，任何能在计算机上通过建模实现的过程都能够用康威元胞自动机（以下简称康威自动机）中的"物理机制"来模拟。在这里，我不准备解释有关复杂的"通用计算机"模式，而只是描述康威自动机中一个更简单的涌现的例子。

滑翔机

康威自动机中有一个简单、可移动且能够持续出现的"滑翔机"图案。该图案中有 5 个单元方格被占据，四周其他方格为空（见图 7-4）。刚刚描述的转换函数会在连续时间步长内产生一系列的模式变化。虽然每次变化都有 5 个方格被占据，但是图案的形状变化是有规律的，并且在空间中移动时还呈现出对角移动的特点，也就是呈现"滑动"的特点。每隔 4 个时间步长，图案就会重现，此时它沿对角线向下整体移动了一个方格，即这 5 个方格组成的形状整体地向右下角移动了一个方格。此时如果继续，图案的形状会呈现出规律性的变化。只要"滑翔机"不遇到其他占据了方格的图案，它就会一直沿对角线斜着向下滑过这些方格。这个变换过程非常简单，你完全可以在画有方格的纸上尝试进行这种变换。

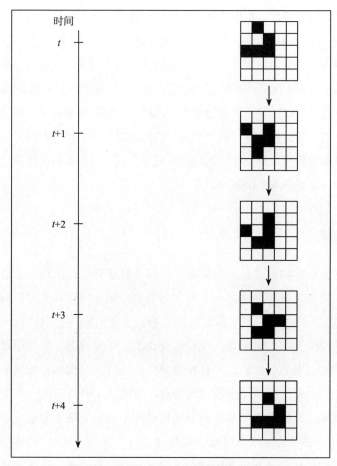

图 7-4　康威自动机中滑翔机状态模式的连续转换过程

　　虽然滑翔机的例子非常简单，但它还是表现出很多关于涌现现象的特性。首先，滑翔机并不是由固定不变的一组基本单元绑定在一起，按照一个轨迹在空间中移动的。相反，它是在不断创建和删除基本单元的过程中生成了滑翔机。尽管图案中的基本单元是持续改变的，但是图案本身却保持了很好的稳定性。这有点类似于我们在礁石前看到的由激流形成的驻波。但滑翔机的例子比形状固定的驻波更复杂，这是因为前者在移动过程中会不断改变形状，而且并不固定在某一个特定的位置。其次，滑翔机及其滑翔动作遵循着该系统中的简单规则。

实际上，这种在空间上能连贯移动的图案不太可能从康威系统的规则中直接观察到。这种连贯移动只可能是由相邻单元元素（状态）之间存在强烈的非线性相互作用而引起的。在完全可以容纳一个滑翔机的空的 5×5 方格阵列中，即使我们全力以赴地研究，也不太可能找到一种现成的分析方法来描述滑翔机的连贯移动图案。我们只能通过观察滑翔机来发现这种图案，观察在不同布局下它可以呈现出什么样的规律。实际上，即使在最简单的元胞自动机"生命游戏"中，一个 5×5 的阵列就有 2^{25} 即 32 000 000 多种不同的布局。所以如果我们使用分析方法，工作负担将会变得非常沉重。

如果仅凭经验，我们很快会发现许多布局是"短命"的，它们只能持续几个时间步长便解体成一系列空单元。而其他一些布局则是在原地保持固定状态，要么是保持固定的图案，要么"闪烁"一下，即经过几步变换后又回到原来的图案。如果考虑到形态的多样性，那么还有一类布局会在经过一段长时间的迭代后解体或形成一个固定的布局。滑翔机的例子不属于上述任何一种分类，因为滑翔机在通过空的空间时始终存在着。

即使我们可以在长期观察后推断出滑翔机运动的规律性，这种推断也不一定就可靠。例如，在"生命游戏"中，有一些图案在经历了一系列相当长的变化后最终解体。要想确认滑翔机有持久性，我们还得证明这的确是它的属性，而这又需要以定义"生命游戏"的一些规则作为基础理论。这样看来，康威的人造空间与我们生活的真实空间并没有什么本质的不同，因为两者都需要实践和理论相结合地去发现和解释规律性。

一旦确认了滑翔机的持久性，就可以把它看作更大、更为复杂的模式的一个组成部分。事实上，这证明我们可以把通用计算机嵌入到"生命游戏"中。在嵌入的计算机中，滑翔机可以充当发出信号的装置，将信息从模式中的一个部分传到另一个部分。相关研究表明，可以通过一些配置来发射滑翔机，并通过另外一些设置来处理滑翔机发生碰撞时的情况。它们是创造、传输和接受信息的基本元素。一旦信息能从点到点进行传输，我们就能用一些简单的"比特翻转"和存储方案来进行计算。因此，滑翔机的存在让我们看到了在康威的世界里构建通用计算机的希望。如果我们构想出了这种通用计算机，随之而来的检索和证明就会变得直接和简单，但是这样的构建方法太费力了，实际上是不太可行的。

关于涌现的经验

从这个例子中，我们能够得到关于涌现的什么知识呢？

我们可以看到：

- 简单得出奇的规则（转换函数）能够生成连贯的涌现现象。

- 涌现现象是以相互作用为中心的，它比单个行为的简单累加要复杂得多（这可以从非线性规则作用的例子中体现出来）。

- 持久的涌现现象可以作为更复杂涌现现象的组成部分。

　　所有这些观点前面都提到过，不过现在它们的含义将会更加清晰，因此在复杂性的研究中，几乎没有任何能够隐藏的东西，也不存在所谓神秘不可解释的行为。

EMERGENCE

第 8 章

国际跳棋程序与其他
受限生成过程模型

FROM

CHAOS TO

ORDER

在第 3 章和第 4 章，我们详细考察了两项建模工程：塞缪尔的国际跳棋程序和赫布的中枢神经系统理论，它们加深了我们对学习和自组织的认识。这两项研究都始于计算机时代的早期，都是在 IBM 公司进行的。但时至今日，它们带给我们的启示仍令我们惊讶不已。直到最近，我们才在当时的研究基础上取得了一些进展，而且很多现行的研究至今也还没有将有关学习和自组织研究中的经验教训考虑进来。出现这种失误的部分原因是该领域的研究长期以来偏离了方向。出于对国际跳棋程序和赫布理论特殊性的担心，长期以来人们对它们的普遍意义和适用范围一直存疑。

前面的章节强调了从前人的成果中抽取的一些通用性原则。然而问题在于，这些系统虽然有着相似的目标，但实现过程却差别巨大。它们可以相互比较吗？这些原则在更普适的框架下是否还适用？在本章，我们将试图运用由受限生成过程提供的框架来回答这些问题。如果能够用这个框架来解释这两项建模工程，我们就有可能发现它们的共性。

我们先从国际跳棋开始，讨论将其嵌入受限生成过程的一般框架中所要求的步骤及细节。这个过程将对我们考察中枢神经系统模型起到很大的帮助。实际上，将中枢神经系统模型嵌入受限生成过程的步骤有很多是相同的，只是细节上有所不同。接下来我将会简要介绍另一个完全不同但同样也表现出涌现现象的计算机模型，以便考察前面两个模型的共性是否能在这个新模型中继续得到保持。

国际跳棋程序的受限生成过程

在国际跳棋棋盘上，所有方格遵循的是同样的规则，所以可以很自然地认为，棋盘上 32 个方格中的每一个都是由相同机制控制的。也就是说，我们定义转换函数（机制）f 来指定这个游戏的规则，然后就可以通过相互连接的 32 个机制的副本形成一个受限生成过程。在棋盘上，棋子只能沿对角线移到或经过与它所占据的方格相邻的 4 个方格中的一个，这表明在规则的对角方格中，受限生成过程中的每一个机制应该与相邻的 4 个机制连接（见图 8-1）。

除了实现这些规则，受限生成过程还必须允许棋手选择每一步棋的走法。也就是说，每一个机制应当有一个自由输入（即与其他机制不相连的输入），并由棋手来决定它的值。所以在国际跳棋的例子中，每一个机制因此将会有至少 5 个输入，其中的 4 个输入将会连接到对角相邻方格所代表的机制，而最后一个输入将会是自由输入，它接受从受限生成过程外部输入的信息。

受限生成过程模型——国际跳棋程序的基本机制

5 个输入（自由输入未标识）
5 种状态
｛空（0），黑子（1），黑王（2），红子（3），红王（4）｝

基本机制与其直接邻节点的相互连接，形成了国际跳棋游戏中初始状态下的棋局

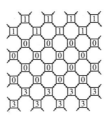

一步移动后受限生成过程的状态

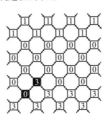

图 8-1　国际跳棋程序的受限生成过程

　　在开始移动棋子时，我们需要使用自由输入来指明这步棋具体将会在哪个位置上发生。简单的做法是，我们用一个自由输入来指出哪个方格（机制）是出发点，再用另一个自由输入来指明棋子将

被移动到哪个目标位置的方格。对应设计的转换函数需要体现两个机制的状态发生的相应变化，即在棋子移动后，第一个机制（出发点）应该显示它现在已经处于空的状态（没有棋子），而目标点机制则需表明被移动棋子的存在状态。

即使是这么简单的方法，也表现出一些包括"远距行为"的有趣问题。例如，在国际跳棋中，当执行一个"跳跃"的走法时，目标位置将不会是直接相邻的节点。而受到影响的将会是出发点和目标点之间的方格。为解决这个问题，有两种方案可供选择：一种是扩大每一个机制的邻域，但这样一来邻域将可能包括所有 32 个机制；另一种是通过干预机制发送一个预警"信号"，提醒所有节点即将发生的移动及其带来的影响。借由对这些方案的进一步研究，我们可以更深入地了解用受限生成过程构建涌现模型时的不同选择。

EMERGENCE

在受限生成过程中，有几种使用自由输入的方法来表示棋手的走法选择。其中最简单的方法是在出发点激活一个自由输入，在目标点激活另一个自由输入。更具体地说就是，我们令机制（方格）i 为移动的出发点，机制（方格）j 为移动的目标点，再令自由输入的索引下标（地址）为 1，因此 I_{i1} 和 I_{j1} 代表两个要被激活的输入。根据这种规定，我们就可以只用 3 个符号来表示自由输入，即 {0(不发生移动)，1(出发点)，2(目标点)}。因此，如果在 t 时刻的移动分别涉及出发点的机制 i 和目标点的机制 j，那么就应有 $I_{i_1}(t)=1$，$I_{i_1}(t)=2$，而受限生成过程中所有其他的自由输入则将被设置为 0。

为了确定转换函数 f，我们不妨先考察方格的状态，即每一个方格要么是空的，要么被 4 种棋子（黑子、黑王、红子、红王）中的一个占据。所以我们可以定义一个集合 S 来表示以上 5 种可能性所对应的状态，并分别用数字来进行设定：0 表示空，1 表示黑子，2 表示黑王，3 表示红子，4 表示红王。即：

$$S = \{0, 1, 2, 3, 4\}$$

我们知道，在某一时刻只能有一枚棋子可以移动。一个非王的棋子只能有两种选择，即简单的移动或跳跃（对于国际跳棋来说，如果可以进行跳跃，这个跳跃就是被迫的，且优先于简单的移动）。现在我们依次来讨论上述两种情况。

1. 在执行一步简单移动时，棋子向前移动到相邻对角未被占据的方格。在受限生成过程中，执行这步棋时，之前被占据的方格所对应的机制将变成状态 0（未被占据），而刚被占据方格的状态则替代成之前被占据方格的状态（见图 8-1）。这可以用一个具体例子来详细说明，假设方格 i 由一个红子占据，其下一步将移至方格 j，且这个步骤是对策树中的第 t 步移动．那么在移动前，情况为：

$$S_i(t) = 2,\ \text{且}\ S_j(t) = 0$$

移动后，则变成：

$$S_i(t+1) = 0,\ \text{且}\ S_j(t+1) = 2$$

该受限生成过程中所有其他机制的状态保持不变。

2. 棋子可以向前多跳一步跃过与对角直接相邻的方格，但其前提条件是目标位置上的方格处于空闲状态。在这种情况下，这种移动看上去就像是该棋子已经占据其直接相邻方格，并向下一个相邻方格移动。我们可以使用两种方法在受限生成过程中描述这种情况：a. 扩大邻节点这个概念所指的范围，这样机制就能与更远距离的机制直接进行联系；b. 使受限生成过程中的机制能通过中间机制发送和接收信号，这样它们就可以测试非直接邻节点对应机制的状态。

这里，我们遇到了在建模过程中经常会遇到的典型的权衡选择问题。如果选择第 2 种情况下的 a 方案，则需要建立对受限生成过程而言更为复杂的连接模式，至少我们需要将每一个机制与受限生成过程中所有其他机制相连接。这种方案会使我们观察不到机制相互作用中的"局域性"特征。如果选择 b 方案，则需要更大的状态集合和更复杂的转换函数，而且考虑到信号的传播，该受限生成过程还必须给每一个移动分配几个时间步长。综上所述，选择 a 方案扩大邻节点集合是一种直截了当的方法；选择 b 方案则是通过主体发送信号来解决问题，值得我们进一步研究。

主体间的信号传播

现在我们把注意力放到对信号的研究上，这里只考虑非相邻机制之间的相互作用。信号传播特性是使基于主体的模型变得复杂的一个因素，它同时也直接导致了这类模型中的涌现现象。基于主体的模型的本质在于，单个主体在任何时候都与有限数量的其他主体直接联系，而且常常只是其中的一个。因此，如果大量主体受到影响，那么这种影响必然是从一个主体传到另一个主体。信号传播的这种步骤性和随之而来的延迟，进一步增加了基于主体的模型的复杂程度。此外，也常常会有信号在经过途中的几次修改后被重新传播到出发点。我们已经在第 5 章看到了这种影响的两个图解：逻辑运算"异或"环路的反馈信号和带环路的神经网络的反射情况。在第一种情况中，我们从无限期记忆中看到了涌现现象；而在第二种情况中，我们则从细胞集群和预期中获得了对涌现现象的认识。如果受限生成过程确实能作为研究涌现现象的有用框架，那么信号传播就应当成为受限生成过程中的重要部分之一。

　　当用信号传播来处理模型时，随着经验的增加，我们会经历一个从局部到全局，从树木到森林的转换过程。我们会先根据局部信号传播的规律和转换将注意力放在较近的局部。例如，当我们第一次学习国际跳棋时，注意的往往是单个棋子移动的可能性。接着，我们才会逐渐认识到整个棋局的形成和其他棋子对棋局的影响。单个棋子的移动可以被看作树木，而整个棋局就是森林。只有开始认识到森林的涌现特性以后，我们才可能开始理解这个整体。

　　这里将要考察的信号传播技术提供了一种获得"远距行为"（Misner, et al., 1970）的方法。这种技术对其他类型的信号处理模型也是很有用的。特别是在受限生成过程中，因为所有的相互作用都发生在局部，所以信号处理就变得非常重要。假设在国际跳棋棋盘上，我们规定信号从出发位置的初始邻节点，即 4 个对角的相邻方格，一个方格一个方格地进行传播，则信号需要多个时间步长才能传播到它的目标位置。同样，回传信号将目标位置的状态返回到出发点也需要多个时间步长才能完成。例如，当我们试图检验一个跳跃的合规性时，就必须检验这个跳跃方向上的第二个方格是否为空。这个过程将需要两个信号来完成任务，其中一个信号耗费两个时间步长传播到目标位置，另一个信号耗费两个时间步长将目标方格是否被占据的状态传回给出发点（见图 8-2）。下面是一些技术性的细节。

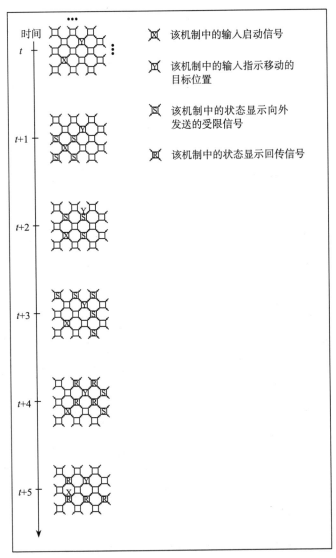

图 8-2　信号传播

EMERGENCE

为了使信号传播真正实现，机制必须跟踪信号从而知道它是否经过了在受限生成过程中设定的点。要达到这个目的，我们必须扩充机制的状态集。而且机制的转换函数也要能够读取相应的信息并做出相应的响应。为了实现这种功能，我们扩充集合 S 从而得到两个组成部分 R' 和 S'，其中 $S = \{0, 1, 2, 3, 4\}$，这与前面其记录棋子信息的定义相同，而 R' 则记录信号处理状态，即

$$S = R' \times S'$$

因此，机制的状态将由一对数值给出。在这个条件下，转换函数有如下形式：

$$f: (I_1 \times I_2 \times \cdots \times I_k) \times (R' \times S') \to (R' \times S')$$

如果在任一时刻，只有一个信号通过一个机制，我们可以定义 $R' = \{0\text{（有信号）}, 1\text{（没有信号）}\}$。举一个具体的例子，当红子位于方格 i 并且没有信号通过时，它的状态就是：

$$S_i(t) = (R_i'(t), S_i'(t)) = (0, 3)$$

为了移动红子，我们需要设置 $I_{i_1}(t) = 1$，那么在下一时刻 $t+1$，函数 f 将改变 i 的状态，即

$$S_i(t+1) = (R_i'(t+1), S_i'(t+1)) = (1, 3)$$

尽管上述理论本身很简单，但其涉及的符号体系比较复杂。后面的修改需要将这些复杂性考虑进去。对细节的研究是引人入胜的，通过对细节的研究，可以很好地测试我们的理解程度，不过这需要占用相当多的篇幅，而且它们和接下来要讨论的主题也没有太大关系。所以接下来，我将只列举出这些复杂的问题并提出解决方案和建议，而不再过多讨论细节。

1. 必须有返回出发点的信号，表明已经满足跳跃的必要条件，即与其相邻的方格已被棋子占据，且该方格旁边的格子是空出来的。

EMERGENCE

为了使信号能够向外传播，i 的每个邻节点通过连接到 i 的输入"读取" i 的最新状态。每一个当前邻节点的状态函数通过使用这个输入，即 i 的状态的新值，将邻节点的状态 R' 设置为 1。因此，如果 j 是 i 的一个对角邻节点，则有 $R_j'(t+2) = 1$。

如果信号向外传播的环越来越大，就像朝池塘里扔一颗石子后，激起的涟漪向外扩散时一样，这时就需要在信号传过去以后，将每一个刚被该信号占据的点的状态重置为 0。沿用前面的符号，就是：

$$R_j'(t+2) = 0$$

举例说明，假设 j、k 和 l 都是 i 的邻节点，且与 i 的距离分别为 1、2、3，则在时刻 $t = 24$ 时开始的"波纹"应如下所示：

$R_i'(24) = 1$, $R_j'(24) = 0$, $R_k'(24) = 0$, $R_l'(24) = 0$

$R_i'(25) = 0$, $R_j'(25) = 1$, $R_k'(25) = 0$, $R_l'(25) = 0$

$R_i'(26) = 0$, $R_j'(26) = 0$, $R_k'(26) = 1$, $R_l'(26) = 0$

$R_i'(27) = 0$, $R_j'(27) = 0$, $R_k'(27) = 0$, $R_l'(27) = 1$

因为 R' 组件在每一个时间步长恒为 1，所以当信号经过后，进行重置就很容易。例如，如果 R' 组件在 t 时刻为 1，则函数 f 在 $t + 1$ 时刻就可以自动将它的值重置为 0。

这就是目标位置的输入信号的作用。当来自"波纹"与目标位置的机制相遇时，将会传播一个"返回"信号，这个信号需要能够表明目标位置是否已经被占据。这里，我们需要进一步扩充状态集来完成这一工作。

2. 实际上，总会存在试图进行不合规移动的可能。例如，企图一次性同时移动两枚棋子，即通过运用两个不同机制的自由输入指定两种不同的初始走法。

　　不过，只需检测是否有从两个出发点扩散的"波纹"，我们就可以防止这种不合规的企图。粗略地讲，当两个"波纹"在它们必然要经过的某些机制上交叉时，我们就可以在这个机制上获得"尝试进行不合规移动"的明显提示。这是因为当有且只有一个指定的出发点时，是不会出现这种交叉现象的，所以可以利用相交情况来判断是否出现了"两枚棋子同时移动"这种不合规的尝试。这时只需处于交叉位置上的机制发出一个信号来阻止这种尝试，不过这需要对状态集进行再次扩展。

　　3. 还存在一些其他复杂的情形，如连跳、王可以向前或向后移动，甚至棋子到对方最后一排升格为王等。

　　处理这些复杂性的方法就是再次扩大信号的符号集，这样就可以描述并同时区分不同类型信号的传播。

　　我曾经比较详细地讨论过这种信号传播形式，因为信号传播支持"局域性"。局域性，也就是使受限生成过程的相互作用限制在一个较小的邻接关系范围中，它在构建各种模型的过程中扮演着举足轻重的角色。在国际象棋中，局域性的问题在决定"远距行为"时会变得很重要。在国际象棋中，如果没有阻挡，象或车在其路径上可以随便移动，直到遇到棋盘的边界才停止。在物理学中，模型构建成功与否也取决于局域性。我们在这里不妨注意一下至今仍在继续的关于量子理论提出的模型局域性的争论（Jammer, 1974）。

小结

　　上面的讨论集中于设计一个体现游戏规则的受限生成过程。我们看到了如何用机制的状态来概括游戏中某个确定位置可能发生的所有情况。首先在此基础上，利用机制的转换函数，我们可以精确地给出定义游戏的规则和约束条件。接着我们模仿了该位置与邻接状态的相互连接。最后，我们还讨论了如何通过设计转换函数，从而让机制的相互作用方式只能生成合理的游戏配置状态，这里机制的状态由游戏规则来约束。此外，这些由自由输入进行了初始化的状态，其变化也将受到约束，从而与合规移动相对应。总之，这类游戏的特点是由受限生成过程来产生状态树。

　　在下国际跳棋时，国际跳棋程序还得明确指出如何去走每一步。为了将塞缪尔的国际跳棋程序加入由游戏定义的受限生成过程，我将继续设计受限生成过程中另一部分：如何扮演机器棋手。机器棋手是具有类似于特征探测器的机制，其作用是对棋盘上受限生成过程的状态做出反应。此外，它还需要算术机制——加法器或类似的机制，来提供一个评估函数。这个新的受限生成过程还需要能和国际跳棋程序受限生成过程中的自由输入进行连接，以允许新的受限生成过程执行其自身的移动方案。所有这些将会非常有趣，而并非错综复杂的演练，而且并未实质改变我们之前使用的受限生成过程符号体系。这个演练确实表明了按受限生成过程原则为国际跳棋建模的一些最重要的特点。

首先，即使像国际跳棋程序这种简单的游戏，受限生成过程框架也展现出其隐藏的复杂性。但这种受限生成过程并没有把我们限制在游戏的规范模型中，反而促使我们自由选择其他有效的方法，比如既可以采取扩展邻节点范围和非局域性的方法，也可以采用信号传播和设置小范围邻节点的方法。这些可选的方法有着各自的优缺点，而且有时候还会出现这样的情况，即在一个模型中很容易解决的问题在另一个模型中却有可能很难解决。在下面的研究中，我们将深入了解这些选择。

其次，在受限生成过程中，当我们考虑区别合规与不合规的方法时，有些方法表现出来的并不和它们表面上显示的一样。这一点从国际跳棋程序中可以很容易看出来，我们必须限定一次只能移动一枚棋子，但是如何将这个限制条件嵌入到受限生成过程中，则还需要进一步的考虑。我们当然可以对"棋手"进行某些限制，如限制棋手一次只能选择一个自由输入来指示移动的初始位置。但是这种方法确实不能令人满意，因为这种限制并没有包含在受限生成过程的定义之中。所以，我们宁愿将这种受限生成过程设计成不可能执行同步移动操作的模式。在国际跳棋程序的例子中，我们曾经采取一种信号传递的方法，这种方法通过检测是否有从两个出发点分别扩散开来的"波纹"所产生的交叉现象来防止不合规行为。这是一种不相容原则，要求受限生成过程中的组成机制负责检测和避免不合规配置，很容易使人想起物理学中的泡利不相容原理（Feynman, 1964）。

最后，我们又一次看到：几个简单机制的相互作用能够生成更为复杂的机制。这是本章演练的重点。我们再次看到了受限生成过程中的树分叉，即复杂的对策树如何产生棋类游戏中的恒新性。这种理解复杂性的方法对我们后面考察其他模型和建模过程将会很有帮助。

神经网络模型的受限生成过程

通过考察一些完全不同的模型，我们可以对建模和受限生成过程之间的联系有更为深入的认识。我将不会再像讨论国际跳棋程序模型那样详细讨论这些模型，但会专注于这些模型中其他凸显受限生成过程的方面。前文花费了相当一部分篇幅来比较中枢神经系统模型和塞缪尔的国际跳棋程序模型中的涌现现象，后文将从这些比较中开始研究。相信在受限生成过程的框架中考察中枢神经系统模型，可以发现一些新东西。

中枢神经系统模型一般都是采用单一的机制，即模型化的神经元。这种神经元的副本相互连接，从而形成了神经网络。我们注意到在第 5 章，定义基本机制的转换函数本身是由函数构成的，而后一个函数在形式上与塞缪尔的评估函数一样，是带有权重的自变量简单相加的结果。在神经元模型的例子中，这种转换函数又具有其他的复杂性：可变阈值、基于神经元激发频率的疲劳因子，以及关于改变权重的赫布定律。在这些复杂条件下，神经元的状态取决于下面几个因素：

- 在 t 时刻，神经元是否被激发（决定了阈值水平）。

- 权重 w_i 的当前值（由赫布定律决定）。

- 当前的激发频率（决定疲劳程度）。

模型神经元的转换函数根据神经元邻节点提供的信息进行操作，也就是指连接到给定神经元的神经元突触处是否存在脉冲。利用这个信息以及神经元当前的状态，转换函数决定神经元的下一个状态，包括它的新的权重和修正过的激发频率，整个行为与国际跳棋程序受限生成过程中的信号传播非常类似。

EMERGENCE

如果用公式表达，整个比较过程就会更清晰。自变量的加权和由如下公式给出：

$$\sum_i w_i v_i(s)$$

这里，$v_i(s)$ 是从邻接神经元传来的输入，w_i 确定了这些输入中每一个输入在决定神经元行为中的相对重要性。神经元在下列条件下会激发，产生一个脉冲：

$$\sum_i w_i v_i(s) - F > T$$

这里，T 是变化的阈值，F 是疲劳因子。我们可以为有 k

个输入的神经元设计通用形式的转换函数：

$$f: (I_1 \times I_2 \times \cdots \times I_k) \times S \to S$$

这里，每一个 I_i 对应第 i 个邻节点的 $v_i(s)$，表示该邻节点的状态是否为"发送了一个脉冲"。f 函数和神经元的当前状态 $S(t)$ 一起，决定了神经元的下一个状态，包括神经元新的权重和修正后的激发频率。

在受限生成过程的模型中，机制的每一个副本都作为一个简单的主体和特定的邻节点之间相互作用。在国际跳棋程序中，主体是棋盘上的方格，主体的状态可以反映出当时方格中棋子的状态；在中枢神经系统模型中，主体是神经元，主体的状态可以显示出神经元的状态。在国际跳棋棋盘和元胞自动机中，它们的相互连接是规则排列的；而中枢神经系统模型与两者不同，它的相互连接是不规则的，并且有很多环路和反馈。但就受限生成过程的正式形式而言，这种结构并没有引起很大的变化，仅仅表明主体之间相互连接的网状结构更为复杂。

通过对国际跳棋程序模型和中枢神经系统模型的学习，我们可以得到一些启示：尽管两者具有实质的不同，但在各自受限生成过程中得到的关于涌现现象的结论却有不少是相同的。机制的设置（状态和转换函数）、生成器（规则）以及主体，帮助我们很容易地抓住模型的共同特征。由于每一个主体只有有限数量的邻节点，所以局域性的重点在于信号的发送。信号的发送产生了反馈，而各种反馈又对可能的范围增加了重要的约束。在这些约束条件下，虽然生成的对策树即状态转换图会相当复杂，但还是可以从中找出一些有用的规则。

我们的初衷是通过比较各受限生成过程来获得一些新的知识。中枢神经系统模型阐明并分析了一些在其他模型中比较模糊却很重要的性质，从而提供了我们所期望的新知识。那些涌现的特性，如同步性、持续性、无限期记忆以及典型的带环路的中枢神经系统模型，为细胞集群的出现提供了基础。细胞集群实际上体现了一种进化的"策略"，而这种策略又可以用来探索系统环境中的规律性。在中枢神经系统模型最初的行为中，受涌现特性影响而产生的增强的持续性和层次性扮演着重要的角色，用受限生成过程描述的中枢神经系统模型也是如此。这样一来，就给我们以提示和启发：在其他模型的受限生成过程以及对涌现的研究中，这种增强的持续性和层次性也可能扮演着重要的角色，这一点我们将在第 10 章讨论。

Copycat 模型

现在我必须开始论述另一个重要的基于计算机的建模，这个建模过程将更为直接地阐述涌现现象。这就是侯世达和梅拉妮·米歇

尔（Melanie Mitchell）的 Copycat[①] 模型（Mitchell,1993），它是由
侯世达领导的流体仿真研究小组建立的几个模型之一。Copycat 模
型是一个复杂而精致的模型，值得我们用整整一个章节的篇幅来进
行讨论。事实上，通过详细的阐述，我们将可以获得更深入的了
解，但这样一来，对细节进行描述所占的篇幅将会较长。所以我只
是重点强调一下在受限生成过程的框架下，Copycat 模型在涌现方
面所表现出来的一些特性。如果读者对这个课题有兴趣，可以参看
《流体的概念和创意类比》（*Fluid Concepts and Creative Analogies*）
一书（Hofstadter, 1995）。

　　这里设计的 Copycat 是用来反映流体重组的，该重组涉及类比
的构造。这种类比利用字符串的转换方式来进行研究，和智力测验
有点相似。"假设字符串 abc 被转换成 abd，那么按照同样的规则，
应该怎样对字符串 ijk 进行转换呢？"虽然这个问题很简单，但它
还是巧妙地混合了分类和重组思想。Copycat 中所有可能的指令系
统，是由名为**滑动网络**（slipnet）的固定网络来确定的。滑动网络
中的节点表示 Copycat 的基本概念（分类），而节点之间的连接则
表示概念之间的联系。

　　在构造 Copycat 的过程中，当从出发点向目标前进的时候，

---

① Copycat 模型可以在理想化的情境中进行创造性的类比。更多详细信息可参阅
　梅拉妮·米歇尔的作品《AI 3.0》。该书中文简体字版已由湛庐策划、四川科学技
　术出版社出版。——编者注

我们可以考虑类比的方法。出发点如果已经给出了实例，以该实例为向导，就可以用类比方法来实现目标。比如，在上面给出的例子中，出发点是一对字符串 abc 和 abd，目标则是字符串 ijk 和应当与之对应的另一个字符串。在后面的工作中，我们将会看到这种按照源 / 目标的阐释，即把探索规律看作一个逼近过程的类比方法，对于隐喻和创新的研究是十分有效的。

虽然滑动网络从形式上看是固定的，但它的每一个连接都有被称作"长度"的数值，用以表示联系的强度。当运行模型时，这些数值会发生变化。从名字上可以看出，长度反映了当前问题中相关概念之间的关联程度。当 Copycat 对该问题进行探究时，长度的变化体现了 Copycat 不断改变的评估，而这些评估则反映出问题各个部分中基本概念之间的相关性和交互度。

我们在这里通过一些被称作**代码片段**（codelets）的简单主体来继续对问题进行探索。主体在其内部创建了大量不同的字符串组，作为"源"（出发点）和"目标点"之间的桥梁。这些主体的活动是由滑动网络中被选取的节点指引的，即每当主体成功执行一项操作时，指引它的节点就接收到一个"激励"。这个"激励"将扩散到滑动网络中的邻节点，能扩散到多少个节点取决于节点间连接的长度。而新受到"激励"的节点将引入新的主体加入互动，同时扩散的"激励"也使得一些连接的长度数值发生变化。

实际的 Copycat 中的相互作用要比这里描述的更具多样性，也更为错综复杂。例如，概念之间的连接本身也是由概念进行标识的。这样一种对连接进行标识的概念，参与了目前描述的所有活动，包括"激励"。标识的"激励"水平决定着节点间的连接长度。Copycat 中每一个新增加的机制和相互作用都是由深层次的考虑驱动的思考激发的，而非临时指定的。鉴于 Copycat 的深度，我相信它将会成为另一个经典杰作，可媲美塞缪尔经典的国际跳棋程序。

　　滑动网络和代码片段的根本作用在于：发现出发点和目标点部分的相似之处，如类似的分组，并同时尝试把它们调整成可比较的状态。在尝试扩大可比较范围时，局部匹配通过扩散激励使新的代码片段发生作用，从而实现探寻滑动网络中的相邻概念（节点）这一功能。当这种对比达到足够高的水平时，我们通过中间桥梁就可以将目标点中未完成的部分与出发点中可以进行比较的部分建立起对应关系，从而完成从出发点向目标点的逼近。

　　在对隐喻和创新的讨论中，Copycat 展示了其重要特性：扩散的激励机制可以产生一种包围任意节点的关联环，侯世达称之为光环。这个关联环会随激励水平和连接长度的变化而变化，因此不能简单地用一个列表或者其他一些确定性的方法来表达它。实际上，这种变化着的关联环对 Copycat 涌现出的类比的流动特性起到了关键作用。在后面，不管是从含义上还是从技术的角度，我们都将会看到类似的关联环在科学建模、隐喻的构造和创新方面都将起着关键作用。

　　滑动网络和代码片段之间的相互作用所涉及的计算方法，非常类似通过内部反馈回路模拟神经网络的计算方法。滑动网络中节点的激励水平与神经网络中神经元的激发频率所起的作用相同，连接长度等同于神经网络中突触的权重，而激励的衰减则等同于疲劳，等等。这里的主体（代码片段）属于另一种情况，但它们仍可以由神经网络中对应的反馈回路来模拟。

　　这样一来，通过采取将中枢神经系统模型转换成受限生成过程类似的方法，我们就可以将 Copycat 转换成受限生成过程的框架形式。这里还有一个问题需要补充。Copycat 利用一种随机（概率）的方式来激发它的主体：根据节点的激励水平来决定主体将被激发的概率。这样，某一激励水平较低的主体也有机会被节点激发。也就是说，如果主体只能由拥有最高激励水平的节点激发，那么上述那种偶尔出现"远距离激发"的情况将永远不会发生。这样引进随机因素的结果，就使得 Copycat 具有符合涌现特征的体系结构。用侯世达的话说就是，"高层次的行为是由大量小规模计算行为的统计结果涌现的"。

　　对于以上几点，我们并没有在受限生成过程中直接提供随机选择方法。我们可以在受限生成过程中引入生成伪随机数的程序，将受限生成过程的各个部分构造成一个通用计算机。然后，我们可以利用这些随机数来实现 Copycat 中的随机行为，就如同最早利用基于计算机的实现方式那样进行模拟。这将是一个迂回的方法，并不利于我们利用受限生成过程框架来加深理解。而且，Copycat 中活跃的主体，即代码片段，都不是由受限生成过程中的原本机制直接获取的。这就意味着我们需要扩充受限生成过程的框架，引入更多可直接获取的可移动的随机主体。这就是第 9 章要论述的主题。

EMERGENCE

受限生成过程
模型的扩展

FROM

CHAOS TO

ORDER

　　在第 6 章，我专门用了"基于主体的模型"这一节来仔细地考察表现涌现特征的多个事例的共同特征。蚁群中的蚂蚁聚集，这些主体相互作用，出现了蚁群的整体特征，它是关于涌现现象的一些极好的例子。然而，主体是可以移动的。虽然受限生成过程能够有效地操纵主体，但用什么工具去处理主体的这种可移动性呢？通过第 7 章介绍的康威自动机中滑翔机的例子，我们已经知道受限生成过程能够表达移动的对象。但是，这与定义一个受限生成过程模型，使之依照事先给定的规范操纵主体，还不完全是一回事。

　　如果问题的焦点集中在物理意义上的固定地理背景，具有固定连接的受限生成过程对于描述和解决该问题是十分有效的。但是对于可移动的主体，问题发生了变化。这时候核心问题转化成如何建立和中断连接。对于这个新问题，具有固定连接的受限生成过程就不那么适用，也不太具有指导意义了。本章的中心内容就是研究如何改变受限生成过程模型中的这种处理方法。这种改变将使受限生成过程可以直接包含几何结构的改变，即允许受限生成过程本身自行控制几何结构的改变，从而可移动的主体能够实际改变受限生成过程中的连接，以反映它们之间相互作用的变化方式。本章末尾的一些例子将告诉我们，这种扩展对于理解涌现这种基于主体的模型特性，是十分有益的。

本章在相当程度上拓展了我们对生成过程的理解，也是全书中专业性最强的一章。相关内容在后面还会提到，因此读者可以跳过本章，并不影响对后面章节的理解，但在理解的深度上会有所欠缺。

可变结构受限生成过程模型

允许受限生成过程建立和中断自己内部的连接，听起来似乎自相矛盾，因为这要求系统事先有一个计划，而这个计划又可以修改自己。然而就像自我复制一样，的确存在可以避免上述矛盾的方法。怎样才能使受限生成过程自行控制连接的改变呢？解决这一问题的方法，和自我复制问题的解决方法有一定的联系。在自我复制的情形下，系统可以根据最初的描述生成全部计划。这与受精卵中的染色体能够生成成熟的有机体的情形大体相同。这里的解决方法是间接生成连接，而不是像过去在固定结构受限生成过程中那样列出所有连接。在实现这一方法的过程中，我们将会发现自己又向前跨出了一步，即让受限生成过程获得了增加、删除机制以及改变机制之间连接的能力。

下面我将用**可变结构受限生成过程**（cgp-v）来表示对受限生成过程的这个扩展。关于可变结构受限生成过程的研究才刚刚起步，但是关于它的系统结构和相关解释的课题已经相当多了。这里我将通过一些事例，深入说明这种新的受限生成过程模型所提供的对于涌现现象的一些新的理解。

为了使受限生成过程能够改变自己的连接，我们需要一种特殊的机制：处理器。它可以改变受限生成过程中的其他机制。处理器的转换函数必须以其他机制作为自己的输入，它的输出也必须是机制。我们构造的转换函数处理的是关于机制的描述，而不是机制本身，这样一来，我们简化了形式体系。换句话来说，让转换函数接受某种设计方案作为输入，其输出产生了一个新的设计方案，只要设计是有效的，模型就将自动执行。

为了使可变结构受限生成过程能够使用处理器，我们必须扩大各机制的输入字母序列，使输入字母序列能够包括集合 F 中所有机制的描述。通过引入对各种机制标准化的描述，我们就可以制定输入字母序列的标准，而使用标准化的输入字母序列又能够使处理过程也实现标准化。这就是后面讨论的大致思路。

标识

标识（tags）为可变连接提供了一种直观简便的实现方法。我在《隐秩序》一书中已对标识有过一定的说明，这里我将仅对其中与定义可变结构受限生成过程直接相关的几点做一些说明。

回顾一下第 7 章定义的受限生成过程模型，它由从集合 F 中取出的 n 个机制组成。先设想各个机制之间尚不存在相互连接。为了定义可变结构受限生成过程中的连接，先给每个机制分配一个表明身份的记号，也就是**身份标识**（id tag），后文简称"标识"（见图 9-1）。我们可以将标识看作机制的地址，其他机制可以通过标识来对该机制进行访问。

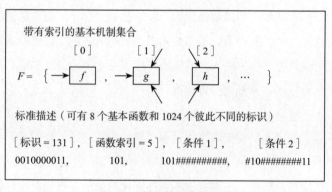

图 9-1　机制的标准化描述

为了使用地址，每个机制的输入都有相应的条件，该条件实际上确定了一些标识，表示具有这些标识的机制是可被接受的输入。条件实际上是过滤器，它查看可变结构受限生成过程中的 n 个机制，如果多个机制都适合该输入，那么就需要条件来决定选取其中的哪个机制。机制是否适合该输入，取决于其标识是否可被条件接纳。下面来说明条件的使用方法：

- 如果可变结构受限生成过程中并不存在标识满足条件的机制，则该输入是"自由"的，其值只能由可变结构受限生成过程模型的外部来决定，这与固定结构受限生成过程中自由输入的情况相同。

- 如果可变结构受限生成过程存在唯一确定的机制，其标识满足条件，则该输入与此机制建立"连接"，输入字母序列中与该机制描述对应的字母成为该输入的当前取值。

- 如果可变结构受限生成过程存在多个标识满足条件的机制，则每次随机选取一个机制与该输入建立连接，该输入的取值与第 2 种情况相同。

　　这些扩充使改变连接比较容易，因为这样一来，机制 h 与机制 i 的第 j 个输入之间的连接，既可以通过改变 h 的标识来加以改变，也可以通过改变与机制 i 的第 j 个输入相关联的条件来加以调整（见图 9-3）。为了实现这一扩充，我们需要有一组关于集合 F 中各个机制的描述。此外，由于机制的状态决定了它的输出（即处理的结果），机制的描述中还必须包括对于机制状态的说明。这是我们的下一个关注点。

描述的标准化

因为可变结构受限生成过程模型是建立在一个小集合 F 所包含的基本转换函数个数的基础上。由于具有固定连接的受限生成过程模型的转换函数个数是固定的，当时我们只需要关注集合 F 中关于机制的描述。然而，允许机制有一些简单的变化，主要是允许机制的标识和输入条件可以调整；还允许可变结构受限生成过程模型改变它所使用的机制的数量或个数。

为了使可变结构受限生成过程的结构可变，我们必须能够列出任意给定时刻在模型中出现的所有机制，我们将与之对应的列表称作"当前组件表"（见图 9-2），该表的其中一列是机制描述。根据约定，表中出现的每个描述都可能被自动执行，即表中列出的关于机制的描述会自动转化为可变结构受限生成过程实际的活动部件。这样，修改或添加机制，只需要修改或添加关于当前组件的描述即可（见图 9-3）。

有了上述准备，我们就可以开发一种标准化的描述方法，用于描述可能出现的机制。这种扩张了的机制含有以下几个标准部分（见图 9-1）：

- 标识。

- 输入集合，每个输入包括输入字母序列和与之对应的条件。

- 转换函数，它以各种输入和一组内部状态作为自变量。

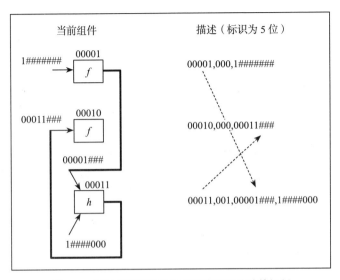

图 9-2　通过标识和输入条件建立相互连接的机制

　　要想为这些不断加入模型的机制提供方便且可修改的描述，就必须明确地说明上面的每一项。

　　我将利用简单的字符串（含 3 个符号即可）对上述各项进行编码或建立索引。这种方法让人回想起数字计算机通过二进制的 0 和 1 组成的代码串来描述数字、索引以及指令，或联想到由字符表示的核苷酸序列。

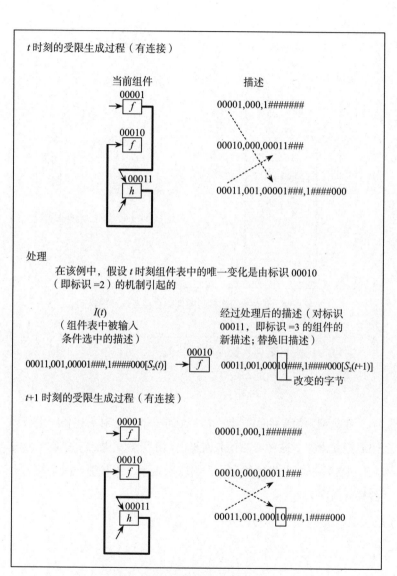

图 9-3　内部控制的结构变化

　　我们先在固定元素的有限集 F 中对转换函数建立索引，每个索引均可编码成为一个二进制串，同时规定标识为有限位的数字，这一点并不是必要的，但可以简化问题。30 个二进制位可以用来表示 10 亿种不重复的标识。

　　接着对输入的对应条件进行编码。我们在这里限定条件只"查看"标识和函数索引。也就是说，这些条件忽视机制的所有其他特性，将"对机制的选取"仅仅建立在标识和函数索引这两个属性的基础之上。参考分类系统（参见《隐秩序》第 2 章）中规则的标准化描述，我们可以使用与之十分相似的一种技巧：按条件逐位检查描述的二进制串（标识和函数索引部分）。对串中的每个位置，要么条件要求有一个特定的二进制值（1 或 0），要么它"不在意"，即在这个位置允许取任意值。"不在意"的情况在条件字符串中用一个特殊的符号"#"表示。这样，条件字符串"1##0##"表示在描述的第一个位置需取值 1，在第 4 个位置需取值 0，而其他位置允许取任意值（见图 9-2）。

　　按照上述规定，机制可被描述为基于字母序列 {1, 0, #} 的字符串。我们可以很方便地规定描述部分的次序：首先是机制的标识，其次是函数索引，与机制的各项输入对应的条件（转换函数的参数）则放在最后。按照这种排列，描述字符串的形式为：

（标识）（函数索引）（输入条件 1）（输入条件 2), $\cdots$, （输入条件 k）

EMERGENCE

　　要对可变结构受限生成过程的定义做出形式化的描述，只需规定表示机制各个部分的符号即可。设 G 为集合 F 中转换函数索引的集合，H 表示符合规定的标识集合，C 表示条件集合。如果 F 中的所有机制都具有两个输入，则所有合规描述的集合 D 由下式给定：

$$D = H \times G \times C \times C$$

　　这里再次使用了以前我们使用过的符号 $\times$（见第 7 章）。基于此定义，每一个独立的描述 $d \in D$ 都是一个四元组 (h, g, c_1, c_2)，其中 $h \in H$，$g \in G$，$c_1 \in C$，$c_2 \in C$。

　　这里没有涉及一些更深入的技术细节，当然它们对后面的讨论并不重要。应该说这样的规定易于用符合语法的语句描述符合规范的机制，执行起来也是简单直接的。此外，这种描述也合理紧凑。例如，如果函数索引项占 3 个二进制位（8 种转换函数），标识占 10 个二进制位（1024 种不同的标志），那么条件将由 13 位字符串描述，这样整个描述（假定含有两个条件）的长度不过只有 39 个字符（见图 9-1）。

当前组件表的拓展

在固定几何结构的受限生成过程模型中，我们曾将机制的状态作为输出。现在我们来扩展这一想法，从而使机制的输出（状态）可以被当作一个描述，因此可以使用机制来生成关于新机制的描述。为实现这一点，我们只需给每个状态加上一个"首部"（前缀），"首部"实际上是合规描述集中的描述。同样，状态可以用如下形式的字符串表示：

首部　　　　　　　　　　　　　状态

(标识) (函数索引) (输入条件 1) (输入条件 2) … (输入条件 k) (机制的内部状态)

通过这种处理，机制的转换函数能够产生一个输出，这个输出包含经过函数作用而改变了的描述，因而描述既是转换函数的定义域（自变量），又是其值域（函数值）。这样一来，转换函数就可以对描述进行处理。

EMERGENCE

对新增的首部进行形式化描述，需要每个状态 $s(s \in S)$ 具有以下形式：

$$s = (d, s') \in S = D \times S'$$

其中 S' 在具有固定连接的受限生成过程中使用过，表示状态集。在这一约定下，可变结构受限生成过程的转换函数具有以下形式：

$$f: (I_1 \times I_2 \times \cdots \times I_k) \times (D \times S') \to (D \times S')$$

D 既包括定义域，又包括值域，所以函数 f 能够改变 D 的描述内容。

我们可以进一步挖掘"修改描述"这一方法的潜力，以使可变结构受限生成过程能够调整自己的结构。先将受限生成过程所有机制的状态（输出）置于类似当前组件表的一张列表中，我们不妨称之为"当前状态表"。除了自由输入提供的输入以外，所有机制的输入都必须出自这张表。也就是说，机制之间所有的相互作用都以这张表为媒介。

现在到了关键的一步：我们采用与处理当前组件表相同的方法处理当前状态表。注意，表中的每一项都由描述集内的某一条描述作为前缀，因此可看作一个机制。的确，当前状态表中的条目提供了关于可变结构受限生成过程的完整信息：既给出了组成可变结构受限生成过程的机制列表，又给出了各个机制的当前状态。在每个时间步长内，当前状态表中的每个条目都可看作机制，其动作由前缀中带有相应索引的转换函数确定。所有机制动作的结果，是生成下一时间步长的当前状态表，同时这张当前状态表将被依次执行。这样，当前状态表就逐个时间步长地向前发展。可变结构受限生成过程的行为，连同不断变化的连接和机制，将完全由这样的过程来确定（见图 9-3）。

这一**递归**（self-referential）过程，即当前状态表中的描述字符串决定自身将会发生的动作，或许有点让人困惑，但它的确将问题简化了。描述字符串的函数索引部分选择了一个转换函数，接着这个函数被应用于整个描述字符串，包括函数索引部分。这一递归的行为方式模仿了标准通用计算机的处理过程。计算机中每个存储寄存器都包含一组由二进制数 0 和 1 组成的字符串。然而，当计算机指定寄存器中存放的是下一个将要执行的指令，这时相同的二进制数又被看作一条指令。这种二元性使计算机能够巧妙地操纵自己的指令。一条指令可以简单地将另一条指令临时当作一个要修改的二进制数，通过一般算术运算修改其数值，从而修改了这条指令的内容。正是这种二元性赋予了通用计算机巨大的计算能力。

当前状态表中的每个条目都被看作机制或指令，这样一来，可变结构受限生成过程模型就获得了类似的计算能力。另外，可变结构受限生成过程模型还满足以前的规定，就像在元胞自动机的例子中那样，每个时间步长里所有机制同时行动，这种同步行为使可变结构受限生成过程模型变成了一台大型并行计算机。当前状态表中的每个描述字符串作为机制被同时运行，而不管它是否已经按照可变结构受限生成过程的要求被添加进表中。许多"无意识的机制"将由此获得状态（输出），并且不会冲击可变结构受限生成过程的其他机制；这类描述可看作"数字"，它们的转换函数和状态与可变结构受限生成过程其他的机制无关。甚至可以有一些虚拟转换函数，并用特别的索引把它们区别出来，其功能为"什么也不做"。这样，我们可以只把与之相对应的描述看作数字，好比计算机存储器中存放数据的部分。

作为处理器的机制

再次提醒读者注意，现在的当前状态表包含了对任意时刻可变结构受限生成过程模型的完整描述，不论是其结构还是状态。当表中的条目被作为机制时，它利用自身的输入条件在表中选择另一个描述串作为输入，通过其转换函数修改那些描述串，从而给当前状态表产生新的描述串，这些描述串将可以作为新的机制。简而言之，表中的某些机制可以处理其他机制。

对于生成可变结构受限生成过程模型的不同 $f \in F$，如果对其局部状态 S' 进行标准化，我们就可以使问题简化。这种标准化模仿了通用计算机中使用标准长度字符串的方法。在通用计算机中，二进制字符串可以作为计算机指令的自变量使用。在可变结构受限生成过程中，这种标准化则意味着所有可变结构受限生成过程的自变量，即输入字符串及局部状态，均来自同一个集合。因此，我们不再需要具有固定连接的受限生成过程使用的接口函数，用来将机制的状态转化为机制的输入：每个转换函数 $f \in F$ 都确实使用相同的状态集合，$S = D \times S'$，作为其输入（自变量）和输出（函数值），因为 S' 对所有 f 都是相同的。

小结

综上所述，我们的基本思想是：当前状态表呈现了任一时刻可变结构受限生成过程的全部描述。它描述了当前组成可变结构受限生成过程的所有机制，并及时地记录下这些机制的状态。当前状态表中的所有条目会被同时执行。

详细表述就是，当前状态表中的每个条目都具有标准的形式：

(标识) (转换函数索引) (输入条件 1) (输入条件 2) … (输入条件 k) (局部状态)

正如固定结构受限生成过程模型那样，每个转换函数 f 均取自固定的有限合规函数集 F；由于 F 是有限的，所以可以用固定长度的字符串对索引集进行编码。由于类似的编码方法可以用在标准形式的所有其他部分，于是就可以使用一个不长的定长字符串的字母序列，对具有标准形式的描述进行编码。

对当前状态表中的每一个条目而言，标识表示条目的地址，转换函数的索引确定了与条目对应的转换函数 $f \in F$（当条目被解释为机制时，使用此转换函数），每个输入条件接受一个标识集的子集，局部状态可按受限生成过程模型设计者的要求确定。通过在当前状态表中搜寻标识满足输入条件的条目，就可以确定每一时刻每个输入的取值（见图 9-1）。

要确定可变结构受限生成过程的行动，需要执行下列步骤（见图 9-3）：

1. 将当前状态表中每个机制的输入条件与表中的其他条目进行核对。

   a. 如果表中只有一个条目，其标识满足输入条件，则将该条目对应的描述串赋值给输入，作为输入的当前值。

   b. 如果表中存在多个条目，且它们的标识满足输入条件，则从中随机选取一个对应的描述串作为输入的取值。

   c. 如果表中没有标识满足输入条件的条目，则输入一定是从可变结构受限生成过程的外部获得的自由输入。另一种选择是引入空值，使转换函数可以有效地忽略此时的输入。

2. 一旦为条目确定了输入值，该条目的转换函数 $f \in F$ 将被赋予这些输入值，从而决定机制的下一个状态。F 中的转换函数要这样设计，令其输出也是当前状态表中的标准描述串。

3. 所有由各个 f 计算得到的后续状态都被加入当前状态表中。

   a. 如果表中没有标识与之相同的描述串，则将新的描述串加入表中，生成新串的原描述串仍保留在表中。

  b. 如果表中已经存在一个描述串与新串的标识相同，则该描述串由新串替换。有时不是进行替换，而是允许输出串删除当前状态表中与它标识相匹配的描述串，这种做法非常有用。删除操作可根据输出串的局部状态有条件地执行。

  c. 如果表中已经存在多个描述串与新串的标识相同，则随机选择一个由新串进行替换或删除。

  如果计算所得描述串——当前状态表中新条目的输入条件或标识有所改变，则可变结构受限生成过程中相互作用的几何结构也将改变。一种可能是，如果某一机制的输入条件被改变，那么通常该条件将会转而处理某个新的标识，其结果是该条件将从另一个不同的机制接受输入。另一种可能是，如果某个描述的标识发生了变化，则该描述能够满足不同的输入条件，随后成为其他机制的输入。

受限生成过程的模拟示例

用受限生成过程模型模拟通用计算机

  恰当地为可变结构受限生成过程选取一个转换函数集 F，很容易就可以将它设计成一台通用计算机：先指定一组机制来模仿存储寄存器，除了每个机制有一个特定的标识以外，它们是完全相同的。每个机制的状态用来表示被存储的数值。为了确定这些存储数值中哪些可以被当作指令处理，通用计算机使用了一个特殊的寄存器 NEXT。该寄存器指出了存储寄存器的地址，后者中存放着将被解码为下一条指令的数值。该数值被备份到另一个被称为 INSTR 的特殊寄存器中，这个寄存器将数值解码为正确的指令并执行该指令。还有一个带有特殊电路的寄存器 ARITH，它用来执行由 INSTR 中逐个解码的那些数值所确定的算术运算。我们可以为每一个特定的寄存器建立特定的转换函数，并为相应的机制指定标识，分别用 INSTR、NEXT 和 ARITH 来识别它们。

为使读者对上述设计的工作原理有一定的理解，我们先来看一条存储指令的执行过程。在一台典型的通用计算机中，当存储寄存器中的数值被解释为一条指令时，解释的过程分为两部分。一部分是通过解码确定指令的类型，在这里是"存储"，另一部分通过解码确定作为指令自变量的存储寄存器的"地址"。一条典型的"存储"指令把 ARITH 中的数值复制到指令的地址部分确定的存储器中，并覆盖掉存储寄存器中原来的数值。

在可变结构受限生成过程中，机制 INSTR 的状态指明了当前的指令类型及其地址（见图 9-4）。机制 ARITH 的某个输入条件仅接受 INSTR 的状态作为输入。设置 ARITH 的转换函数，使其利用 INSTR 状态中表示地址的部分，来设置 ARITH 下一个状态的标识。特别是，如果 INSTR 给出了一条"存储"指令，则 INSTR 状态中的"地址"部分就作为 ARITH 状态的标识。根据可变结构受限生成过程的规则，表示 ARITH 状态的这个描述串将被插入到当前状态表中。此外，它还将替换表中具有相同标识的描述串。在我们设计的可变结构受限生成过程中，与存储寄存器对应的每个机制都有一个唯一的标识，这样 ARITH 的状态（输出）能够替换唯一的一个存储寄存器的描述串（数值）。执行的结果就如指令要求的那样，将 ARITH 中的"数值"存放到由"存储"指令通过地址指定的存储寄存器机制中去。

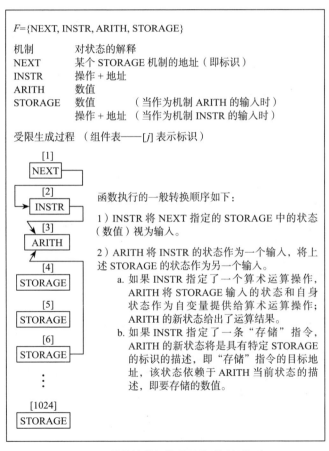

图 9-4　模仿计算机的受限生成过程模型

可以按照类似的过程模拟一台典型的通用计算机中的每一步操作，包括更新每个单位时间步长中 NEXT 和 INSTR 的内容，以便从存储寄存器中得到程序的下一条指令。这并不难，但比较费时。我们甚至还可以更进一步，设计一个使用多个 ARITH 机制来同时执行多条指令的可变结构受限生成过程模型。这将使可变结构受限生成过程具有更多的"并行性"，但它仍然具备通用的性能。

用受限生成过程模型模拟元胞自动机

元胞自动机之间的相互连接如数组一般，非常规范，所以用标识寻址能很方便地表示出来。

我们从一个单独的转换函数开始，如康威自动机中的规则。一组连接中的每个机制均使用这个转换函数，但每个机制都具有与众不同的标识以指示它在组里的位置。不妨假设相互连接的数组是二维的，那么我们可以使用 (x, y) 坐标系，从原点沿水平的 x 轴和垂直的 y 轴给出组中某点的距离，从而确定组中任意点的位置。 为了规定可变结构受限生成过程模型中的这些相互连接，我们简单地对每个机制的 (x, y) 坐标编码，使之作为标识串的一部分。比如，当考虑一个 16×16 的连接数组时，可以用 4 个二进制位对每个坐标编码，则共需要 8 个二进制位（见图 9-5）。

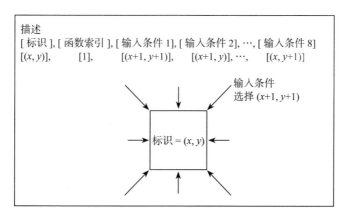

图 9-5　模拟元胞自动机的受限生成过程模型

　　一旦完成了标识的分配，就要设置输入条件，使每一个输入接受相邻机制的标识。例如，标识为 (x, y) 的机制，具有一个输入来接受位置为 $(x+1, y)$ 的相邻机制的标识，另一个输入接受 $(x+1, y-1)$，以此类推至周边 8 个相邻的机制。在这种安排下，一个机制读取周围 8 个相邻机制的状态，并利用转换函数计算出自己的新状态。由于该转换函数履行了元胞自动机的规则，并且所有机制同时做出动作，因此可变结构受限生成过程模型真实地模拟了元胞自动机的行为。

　　我们当然可以出于其他目的，在标识中加入其他二进制位。比如，为了允许若干机制处于同一坐标点，我们可以添加除 (x, y) 以外的其他二进制位以区分它们。

台球和热气体模型

我们通过标识指定了机制的坐标，也可以改变标识来"移动"
机制（见图 9-6 ）。

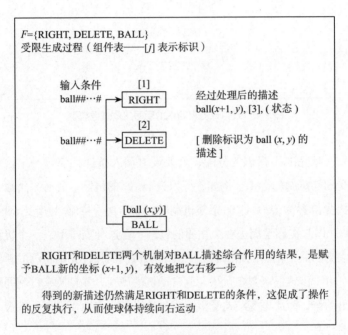

图 9-6　改变标识以实现移动

例如，若机制处于坐标 (x, y) 位置，我们可以将其标识的坐标
改为 $(x+1, y)$，以使它在 x 轴的方向上向右移动一步。这一技巧可
以很方便地用来为自由移动的粒子或主体构建可变结构受限生成过
程模型。考虑一个模型，如《隐秩序》一书中提出的"回声"模型，

在模型中被模拟的有机体或主体从一个地点迁移至另一个地点，当
它们处于同一地点时发生相互作用。这样，机制的输入条件将被设
置为仅接受具有相同 (x, y) 坐标值的若干机制的输出。这时如果将
机制的标识和输入条件指定为相邻的 $(x+1, y)$ 坐标值，就可以实现
主体的迁移。

教科书中的热气体模型是另一个使用可变结构受限生成过程框
架的实例。为简便起见，如果将气体限定在二维空间，就可以将气
体分子视为是在几乎无摩擦的台球桌上运动的一组台球。最简单的
方法是将台球桌作为一个单独的场地，台球之间的相互碰撞随机发
生。在实际操作时，我们是对台球桌上的台球进行随机配对，并将
每次配对视为一次碰撞。

要想在可变结构受限生成过程中模仿这种情形，我们可以为每
个台球分配一个机制，随后为每个机制指定一个唯一的标识，所
有标识有一个共同的前缀，该前缀以地点（台球桌）命名。例如，
机制 j 的位置为 (x, y)，则其标识为 (x, y) (j)。我们再设计一个机
制，将它称作 COLLIDE（碰撞），它具有实现碰撞规则的转换函
数。进一步指定 COLLIDE 的输入条件，使它接受任何一个以前缀
(x, y) 开头的标识。按照"相同地点前缀相同"的"同标识约定"，
COLLIDE 可为它的每个输入选择标识前缀为 (x, y) 的机制（台球）。
这样一来，在位置 (x, y) 处的机制将像热气体模型需要的那样被随
机配对（见图 9-7），同时它们之间的相互作用将由机制 COLLIDE
加以限定。

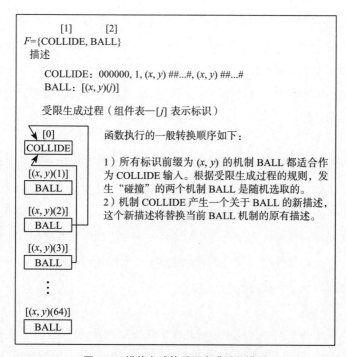

图 9-7　模仿台球的受限生成过程模型

　　让我们深入研究这个模型，进一步阐述简单的可变结构受限生成过程是如何产生复杂行为的。分子 i 与分子 j 的碰撞，使得 COLLIDE 的两个标识分别为 $(x, y)(i)$ 和 $(x, y)(j)$ 的输入。我们的目的在于使用机制 COLLIDE 产生分子 $(x, y)(i)$ 和 $(x, y)(j)$ 改变后的状态，新的状态反映了它们碰撞的结果。如果仅有一个分子 $(x, y)(i)$ 被选中，可以只将标识 $(x, y)(i)$ 指定为"碰撞"的输出。由于标识的唯一性，"碰撞"的输出将当前状态表中原来的条目替换为 $(x, y)(i)$ 改变后的状态。但是，现在有两个分子，为正确实现这一点，必须为每次碰撞指定一对彼此相互影响的 COLLIDE 机制。这样一来，标识为 $(x, y)\,(i)$ 和 $(x, y)\,(j)$ 的一对机制输出提供了 COLLIDE 所产生的状态更新。

当我们为每个台球的状态指定一个数值时，不妨视之为能量，这样一来，这个例子会变得更加有趣。分别将分子 i 和分子 j 的数值指定为 u 和 v，我们为这对 COLLIDE 机制中的一个建立转换函数。

1. 对这两个输入状态中的数值 u 和 v 求和，以得到数值 $u+v$，即碰撞的总能量。

2. 选择介于 0 和 $u+v$ 之间的数值 u'，即 $0 \leqslant u' \leqslant u+v$。

3. 将数值 u' 作为标识 $(x, y)\,(i)$ 输出状态的一部分。

根据当前状态表的替换规定，新的状态将替换表中标识为 $(x, y)\,(i)$ 的旧条目。COLLIDE 便有效地将总能量 $u + v$ 的某一个部分 u' 指定为分子 i 碰撞后所具有的新能量。

接着我们可以规定，这对 COLLIDE 机制中的另一个将数值 $v' = u + v - u'$ 赋值给分子 j（这里不对一些技术细节进行描述）。也就是说，分子 j 获得了总能量的剩余部分。因为 $u' + v' = u' + (u + v - u') = u + v$，分子 i 与分子 j 在碰撞前后的总能量不变，于是我们实现了弹性碰撞时所要求的能量守恒。

　　一个有趣的问题是，随着时间的推移，这种随机的能量交换是如何影响分子（台球）之间的能量分配的？比如，让所有分子都具有相同的初始能量 u（初值），很明显这种随机的能量交换将改变初始时这些分子能量的一致性。但究竟是怎样的一种改变呢？

　　我们很快便可以证明，当发生几十次碰撞后，能量将按照从麦克斯韦时代以来我们便熟悉的一种方式进行分配，即麦克斯韦－玻耳兹曼分布（见图 9-8）。能量将大约按 u（初值）分配，这导致高能量分子的数目呈指数式减少。例如，如果有 100 个能量为 $2u$（初值）的分子，则能量为 $4u$（初值）的分子将大约为 $100^{2u（初值）/4u（初值）} = 100^{1/2} = 10$，即 100 的平方根。

　　如此精细的分布竟从如此简单的相互作用规则中涌现出来，这有些让人惊奇。更有趣的是，有关能量的麦克斯韦－玻耳兹曼分布可能有催化的作用。考虑一个总能量为 $4u$ 的相互作用。如果我们分两步完成，每步需要能量 $2u$，这时参与作用的分子数大约是只用一步、需要 $4u$ 能量完成时分子数的平方。换言之，尽管总能量不变，当相互作用分两步完成时，反应率将呈平方式提高。我们可以将催化剂视为分两步完成相互作用的媒介。

　　生物化学催化剂——酶，是生命有机体进行化学反应的必要条件。因此，在像"回声"（Holland, 1995）这类展现发展和进化的模型中，这个简单的起点揭示了模型中复杂的能量关系存在的可能性。

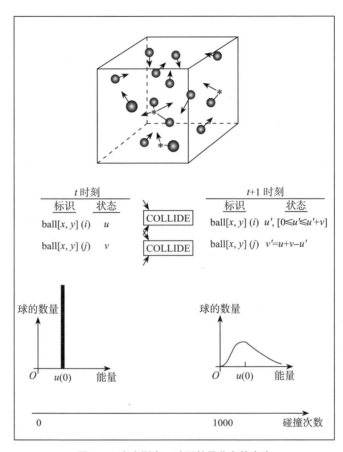

图 9-8　麦克斯韦 - 玻耳兹曼分布的产生

遗传算法与可变结构受限生成过程模型

在最后一个例子中，我将阐述在可变结构受限生成过程模型中嵌入遗传算法所采取的方法。这一嵌入使我们能够从无机的起点出发，来模拟和研究遗传过程的起源。这个特殊例子与后面的讨论没有多少关系。因此，如果读者对遗传算法不感兴趣，完全可以跳过这个例子而不会影响对后面内容的理解。如果读者对此有兴趣而又缺乏遗传算法背景知识，我推荐一本不错的参考书，是梅拉妮·米歇尔 1996 年出版的《遗传算法入门》(*An Introduction to Genetic Algorithms*)。

遗传算法使用的运算符号来自遗传学，这种算法可以实现字符串集合，或称为"字符串群体"的进化演变。字符串用来模拟染色体，并为状态和取值编码。例如，可变结构受限生成过程模型中当前状态表的条目就可以作为这样的字符串。

遗传算法的执行分为 3 个步骤。

1. 从群体中挑选并复制字符串。挑选的依据是，选中字符串的某个参数，也就是遗传学上所说的"适应度"，或者是由该字符串定义的机制（s）搜集足够"资源"的能力，以便能够复制字符串自身（隐性适应度）。

2. 在染色体复制过程中，一些干扰运算会导致复制的字符串不规范。典型的运算有常见变异运算，比较不常见的运算有交叉和倒置。

3. 修改后的字符串被插入群体中，并替换其他字符串，以使群体的规模保持不变。

前面我讨论了在可变结构受限生成过程模型中把机制作为一段程序使用的方法。相同的技术可以用来在可变结构受限生成过程中嵌入遗传算法。我们可以给群体中的元素分配标识，就好像它们存在计算机的寄存器中。随后，通过一些特殊机制的组合，像前面提到的 ARITH、NEXT 和 INSTR，可以编写一段"程序"来执行遗传算法的三个步骤。

虽然这个过程十分简单，但它也为我们揭示了一种至今尚未得到利用的可能性。如果我们退后一步，建立那些能使遗传算法有可能实现的设备（机制），而不是为遗传算法设计一段"程序"，又能有什么用呢？如果使用得当，可变结构受限生成过程模型能够产生不同类型的遗传算法和其他的字符串变化程序。此外，通过设置标识，不同类型以及多种类型混合的字符串变化程序，可以应用于不同的字符串群体。

这种设置使我们能够观察到，这些处理字符串群体的程序如何从以前没有这些程序的系统中涌现出来。像对康威自动机的讨论一样，持续性在这里起到了关键作用。具有不同类型字符串变化算法的不同群体，彼此将会"相互竞争"，这非常类似于康威自动机中的模式。那些字符串变化程序不起作用的群体将不能保持足够的连贯性以持续存在，并且会像康威自动机中未被定义完好的滑翔机一样被分解而消失。而持续存在的群体将进一步影响它们在可变结构受限生成过程模型中的发展变化。

借助这种字符串处理程序中涌现现象的可变结构受限生成过程模型，我们可以研究模型中与遗传学有关的领域出现的极其相似的问题。哪些类型的字符串变化（遗传）运算将会出现？它们怎样为持续性服务？在诸多不同的初始条件下，相同类型的运算是否会出现？一旦我们开始问这些关于模型的问题，也就开始注意到生物学体系的知识，在生物学中寻找类似的现象。模型可以通过一定的"调整"来更加接近现实的观察结果，同时模型的运行也为我们提供了新的观察结果。

关于涌现的进一步理解

从固定结构受限生成过程，到可变结构受限生成过程，主要变化是把坐标加入标识和条件，同时允许机制内部使用标识和条件。通过这种调整，受限生成过程中的机制既能够改变相互作用网格，又能够改变作为网格中节点的机制。从这些例子中可以看出，只要需要，我们仍然能够建立固定结构的模型，不过，最主要的是直接进入移动主体。这种直接进入移动主体的方式很重要，因为以前对复杂适应性主体的研究（Holland, 1995）显示这种系统特别适合展示涌现现象。这将是我们在本书剩余部分中要探索的内容。

计算的等价性

在某种意义上，可变结构受限生成过程模型并没有比固定结构受限生成过程模型对涌现给出更多的解释。毕竟，固定结构受限生成过程模型具有通用计算机的能力，因此我们可以在受限生成过程中嵌入任何一种基于计算的模型。也就是说，各种模型在计算能力方面是等价的。

形式主义者有时认为，对等价结构的研究是不相关的，或者至少是不属于科学方法的范畴。但是科学家和数学家知道，为等价结构搭建合理的框架并进行不懈研究是相当重要的。有一句熟悉的谚语："只要问对了问题，十之八九的难题都能解决。"在目前的情形下，计算能力方面的等价并不意味着洞察力方面的等同。即使限定问题的范围，仅研究我们非常熟悉的商业计算机体系结构，以及一些像文字处理这样平常的问题，对问题的把握也存在差异。虽然最终结果是一样的，但不同的文字处理程序的灵活性存在很大差别。而当我们把注意力投向更为广泛的问题时，这种理解上的差异还将成倍地增加。

解决问题的关键在于，选择那些经过仔细调整并适合所探讨问题的结构。在合适的框架中可以直接进行的研究，在不合适的框架中就几乎是不可能的。举一个简单的例子，普通的算术运算，比如乘法和除法，在使用罗马数字的框架中变得难以实现。但是，罗马数字系统增加了 0 的概念后，在形式上和我们日常使用的数字系统是等价的，而在后者中乘法和除法却很容易实现。一旦保证框架具有足够的计算能力，形式上的等价就成为次要的问题。我们的目的就是设计一个框架，使得对重要内容的研究易于被定义和理解。

　　在对涌现问题的研究中，基础框架的合适与否非常重要，因为展现出涌现特征的系统的行为，以及我们对它的描述是如此千变万化。套用我们自己的话来说就是，核心问题变成：在选定的框架中，究竟是什么样的机制和相互作用，能够让我们容易地提出涌现问题并加以研究呢？

描述的层次

　　我们已经看到，在一种语境中很容易理解的涌现现象，在另一种语境中可能会变得十分晦涩难懂。这里存在一个与描述的层次紧密相关的问题：一个层次（如物理学）中的规律可能完全约束另一个层次（如化学）的规律，但在后一层次中的规律能直接引导我们得到问题的答案；反之，根据第一个层次的原理而求解问题，其过程会变得十分冗长，甚至无法实现。

　　康威自动机提供了不同层次之间相互作用的简单事例。定义自动机的规律完全约束了滑翔机的运动模式，而正是控制滑翔机在方格上运动的宏观规律，揭示了滑翔机作为一种信号的潜能。这些宏观规律给了我们启发，使我们能够继续使用滑翔机，并将它作为积木块去建造更复杂的组合，从而最终得到了康威自动机的一般性证明。如果我们只是把注意力放在规则的定义上，那么这种证明几乎是不可能得到的。

关于描述层次的问题有着悠久的历史。长期以来，欧几里得几何学的第五公理（"平行公理"），被认为或希望能够由其他四条公理来证明。到了 19 世纪，人们发现可以引入与欧氏第五公理相矛盾的另一条第五公理，同时丝毫不影响整个公理系统的一致性。这一发现引出了非欧几何这个全新的领域，并最终引出像爱因斯坦相对论那样伟大的思想。

对我们现在的研究来说，关键之处在于前四条公理完全限制了进一步引入其他公理后能够获得的结果。实际上，在前四条公理的基础上添加一条公理后得到的结果，不论添加的是欧氏第五公理还是与第五公理矛盾的其他公理，利用仅由前四条公理组成的公理系统都可以得到。在四公理系统中，我们经常可以证明以下形式的一组定理：

如果［新公理］则［基于公理的定理推导］

也就是说，我们将新公理作为假设条件，并且在新公理的基础上进行定理的推导，得到的定理完全平行于五公理系统中能够推导出的定理。

请注意，我们可以使用与平行概念根本无关的其他假设，使之作为上述定理的"如果"子句。实际上，能够使用的假设是永无止境的，只不过多数假设产生的定理对于几何学问题来说比较乏味或意义不大。正如我们一再看到的，利用一组规律或生成器，就可以完全定义一个系统，但这并不意味着我们能够容易地推导出系统运动后的结果。在系统中能够研究和证明的结果，在另一个系统中也可以得到，但是对系统的选择将导致不同的研究结果：研究是切实可行的，还是仅仅在形式上存在可能。从形式上等价的系统中做出正确的选择，往往是决定研究工作前景的关键。

这就是我们着重强调那些被精心选作公理的假设的真正原因，正是这些假设决定了研究的方向。用公式表示一条新公理，它不但与欧氏第五公理矛盾，而且引出了一组新定理，从而扩展了我们关于几何学的概念，这本身就需要对几何学有深刻的理解。这个要点同样适用于我们调整受限生成过程模型，使得涌现问题可以明显地表现出来。我们需要精心挑选产生程序和约束条件，以便能够在正确的描述层次上提供可行的方法。要想具备从事这项让人兴趣盎然的挑选工作所必需的敏锐洞察力，往往要依靠对隐喻和跨学科比较这两种方法的认真运用。

EMERGENCE

第 10 章

涌现中的还原论思想

FROM

CHAOS TO

ORDER

　　我们已经一再看到，复杂性往往产生于一些由经过适当选择的规则所定义的系统。因而当观察涌现现象时，我们应致力于发现产生涌现现象的规则。基于前面形成的特殊表达方法，关键就是需要找到产生涌现现象的受限生成过程。通过这一过程，就能够把对于比较复杂的涌现现象的观测，还原为对于若干简单机制相互作用的理解。

　　对于肩负这一使命的受限生成过程，其表达能力及局限性问题，和哲学立场中围绕"还原论"思想的种种问题紧密相关。关于还原论，人们最常说的是：还原论是大力推崇基础科学的。这一点激发了基础科学中的许多研究工作。还原论认为，宇宙中发生的所有现象都可以还原为一些物理定律。事实上，大多数科学家会更谨慎地说，所有现象都受到某些物理定律的制约。这种区别的背后究竟蕴含着什么呢？

　　这种见解并不要求对所有问题的解释都必须直接用物理学定律

表达出来。如果对每一个化学反应，我们都使用量子力学的体系和时间尺度来进行解释，那将既冗长乏味，又缺乏启发性。把各种类型的化学键与量子力学的特点相联系，进而用这些化学键解释其他类型的反应，这就足够说明问题了。即便是在国际象棋或康威自动机这样的模型里，尽管规则十分明确和简单，许多观测的结果仍然被一些数量巨大的现象所决定，如国际象棋中彼此合作的兵的排列形式，或是前面提到的滑翔机。除非我们能够明确表述宏观规律，并用它描述这些现象，否则要想对所有可能发生的情况进行分类是极为困难的。此外，由于绝大多数规模庞大的现象是涌现出来的，它们所依赖的相互作用大于局部作用的总和，这时我们遇到的困难将会更大。

当我们能够明确表示出"宏观规律"，并用以描述这些涌现现象的行为时，比如化学键形成的规律，那么无论是在模型领域还是在真实世界中，对问题的理解都会令我们获益匪浅。可以这样描述康威自动机中的"滑翔机"：沿着对角线方向匀速运动，并且不存在"阻力"。尽管我们知道，这种涌现出来的"滑翔机"的行为可以归纳为定义自动机的一些简单规律。通过这种"宏观规律"，我们仍能获得对这个领域真实的认识。同样，我们发现，真实世界中各种物质在没有"外力"作用的情况下按照一定的规律运动，这样我们便认识了宇宙运动的本质。对这些情况进行归纳后，便可以猜想：我们观测到的种种复杂行为，都可以还原为一组"定义"宇宙的简单规律，即物理学定律。无论是康威自动机还是真实世界中的一些过程，我们都不期望所观测的涌现现象能够根据基本规律进行简单的描述。实际上，在模型和真实世界这两种情形下，我们都更热衷于寻找"宏观规律"的简化方法。

我们可以将这些"宏观规律"视为那些加入初始公理（定义模型的规律）中的其他公理。通常，这些附加的公理往往具有某些前提，以挑选出一定范围的系统状态，这些状态要么经常出现，要么有可能使系统向其他方向发展。当然，整个系统仍然受到初始公理的限制。通过上一章结束时描述的"如果［新公理］则［基于公理的定理推导］"方法，原则上我们能够根据这些初始公理推导出一切结论。如前文所述，系统中存在着许多可能条件（宏观规律），而关键在于从中挑选出最合适的条件，这些合适条件不能很明显地从对初始公理的直接检验中得到，但它们描述了系统可能出现的状况。我重申一下第 9 章结束时的观点：隐喻和跨学科比较两种方法是发现这些条件的关键。

受限生成过程中的新层次

如果从头考虑还原论，就必须在基本描述中加入"层次"这个概念。我们必须更为谨慎地引入新的规律，它们应当既满足原有规律施加的限定，同时又适用于从初始规律中涌现出的复杂现象。这样，新规律就是从一个全新的层次上观察和描述问题。

如果我们能够加深对层次这一概念的认识，就可以获得对涌现更加深刻的理解。层次的理念是直觉的、非形式化的。这种理念颇具启发性，但它很容易遭到含糊的，有时甚至是错误的解释。如果错误地解释"层次"，就会忽视涌现现象，固执地认为涌现的观念无关紧要，以致抹杀了层次概念的必要性和有用性，例如说"组织图的层次表明组织是涌现出来的"。或者我们会走向另一个极端，把涌现当作一个无法分析的浑然一体的对象，根本无法还原为一些更基本的东西，例如说"意识与中枢神经系统的活动迥然不同"。这两种极端都无益于对答案的探求。

正因为如此，精确设定受限生成过程模型是十分有益的。因为确定层次与简化之间的关系本来就十分困难，讨论又常常因为缺乏明确的定义或字面定义存在歧义而误入歧途。在本章，我将尽量给出有关技术性内容的概要说明，但仍留下许多内容，希望读者仔细揣摩。比起本书其他章节中的技术性解释，在本章技术性符号的含义上花费时间将更为有益，它将会进一步加深我们对问题的理解和认识。

在受限生成过程模型中，究竟什么才是新的层次呢？答案取决于受限生成过程模型的基本特性：将几个机制组合成更为复杂的机制的可能性。通过使用状态集合 S、输入集合 I 和一个转换函数 f 来刻画受限生成过程中每个组件的机制，从而开始对受限生成过程模型进行定义（参见第 7 章）。其中转换函数 f 确定了一种方法，能够利用机制的当前输入和状态来决定它的下一个状态。受限生成过程本身就是由相互连接的机制构成。现在我们的目的是说明，作为组合的结果，受限生成过程本身又可以被刻画为机制，可以被当作组件去组装更为复杂的机制（见图 10-1）。如果我们正确地做到了这一点，对于新组装成的机制，其转换函数便可以还原为初始机制的转换函数。这样我们就在描述的层次上推进了一步。

 4 个组件每次组合的状态即是复合机制的状态

例如，如果 4 个组件各自的状态分别为 1、0、1、1，则 (1, 0, 1, 1) 就是复合机制的一个状态，共存在 2^4 种组合方式，因此复合机制具有 16 种状态

对复合机制而言，共有 20 个自由输入

（如果该复合机制是某个大集合的一部分，一些自由输入将会连接到与它结构相同的相邻机制上）

图 10-1 康威自动机中由 4 个原始机制片段构成的复合机制

为了证明复合结果 C 确实是一个机制，我们必须证明：存在着描述复合体 C 的转换函数 f_C，它具有相应的状态和输入。要证明这一点其实很简单，我们把复合体 C 中各组件机制的状态组合起来得到笛卡尔积，并规定对每种不同复合机制状态的特定组合都有唯一的笛卡尔积的状态。作为结果，笛卡尔积的状态集合 S_C 即是复合机制 C 的状态集合。我们可以对组件机制的输入进行类似组合来得到乘积，通过一定的技术处理就产生了复合体 C 的输入集合 I_C。最终，在这些笛卡尔积状态和笛卡尔积输入之上定义转换函数 f_C，这样复合体内状态的每一个变化就可以通过笛卡尔积状态集合 S_C 中相应的变化来进行模拟。

一旦定义了转换函数 f_C，我们就可以把 C 看作加入原始函数

集 F 中的一个函数。根据刚才描述的复合程序，C 可以在定义更为复杂的受限生成过程模型时使用。更一般的做法是，我们可以提出受限生成过程的分层定义，使用前面定义的受限生成过程作为积木块去组合后面更为复杂的受限生成过程。而我们也就从中获得了关于层次的精确概念。

EMERGENCE

回忆一下前面章节描述的转换函数的定义可由下式给出：

$$f: I \times S \to S$$

这里 S 表示机制的状态集合，$I = I_1 \times I_2 \times \cdots \times I_k$，表示机制的输入状态集合。我们需要证明的是，通过对相互作用的机制进行组合，新得到的复杂机制（宏观机制）满足同样的特性。也就是说，我们必须证明，组件的转换函数通过共同作用来定义一个新的转换函数。我将限定复合体本身就是受限生成过程，因为：a. 受限生成过程的定义精确描述了它的含义，受限生成过程实际就是相互作用的机制的组合；b. 我们感兴趣的是受限生成过程中的层次。

我们先来规定复合机制 C 由几个组件机制组成。要定义 C 的转换函数 f_C，先定义 C 的状态集合 S_C。这些状态，连同

C 中已经定义的自由输入的状态，共同作为转换函数 f_C 的自变量（见图 10-1）。关于状态的定义很容易做到，受限生成过程模型 C 的全部（或全局）状态集可简单地看作单个机制状态集的 n 元笛卡尔积（n 元组）：

$$S_C = \Pi_i S_i = S_1 \times S_2 \times \cdots \times S_n$$

　　关于 C 的输入状态的定义有点麻烦。将 C 中每个组件机制 x 的输入分为 $H_{x,free}$ 和 $H_{x,conn}$ 这两个集合，分别代表机制 x 自由输入的集合以及与 C 中其他机制连接的输入集合。为了简化符号，我们可以重新排列一下机制 x 的输入序号，以使集合 $H_{x,free}$ 中的所有输入序号比较小。也就是说，在这种重新设定下，集合 $H_{x,free}$ 由输入 $\{l_{x,1}, l_{x,2}, \cdots, l_{x,k(x)}\}$ 组成，其中 $k(x)$ 表示 $H_{x,free}$ 类中输入的编号。我们可以通过为 x 构造一个单独的输入字母序列 $l_{x,free}$ 来进一步简化符号，该字母序列只对单个自由输入的值进行简单组合。为做到这一点，与对状态集 S_i 的做法一样，我们对集合 $H_{x,free}$ 中 $k(x)$ 输入字母序列求笛卡尔积，得到：

$$l_{x,free} = \Pi_i l_i = l_1 \times l_2 \times \cdots \times l_{k(x)}$$

　　$l_{x,free}$ 包含了所有由外界 C 指定的输入值，它将作为指定给 C 的转换函数的输入。我们给出下面的表达式：

$$I_C = I_{1,\,free} \times I_{2\,,free} \times \cdots \times I_{n,\,free}$$

用这样一个表达式来指明输入的取值。

集合 $H_{x,\,conn}$ 中的输入发生了什么情况呢？由于这些输入与 C 中其他机制相连接，因而它们的取值依赖于其他机制的状态。但是这些机制的状态是全局状态 S_C 的组成部分，因此集合 $H_{x,\,conn}$ 中输入的取值 $I_{x,\,conn}$ 由全局状态的某个函数 g_x 确定。更公式化的表述是，存在一个函数：

$$g_x : S_C \to I_{x,\,conn}$$

这就定义了 S_C 中每个全局状态 $I_{x,\,conn}$ 的取值，因此：

$$I_{x,\,conn}(t) = g_x (S_C (t))$$

则对属于 C 的机制 x，其转换函数为：

$$f_x : I_{x,\,free} \times I_{x,\,conn} \times S_x \to S_{x'}$$

但是，S_x 本身是全局状态 S_C 的一个组成部分。于是通过某些改写，我们就可以得到函数：

$$f_x' : I_{x,\,free} \times S_C \to S_{C'}$$

对于给定的 $I_{x,\,free}$、S_x 和 S_C 的取值，f_x' 可以算出全局变量 S_C 的组成部分 S_x 的取值，这一结果与 f_x 得到的结果完全一致。

有了这些准备，我们可以定义全局的转换函数：

$$f_C : I_C \times S_C \to S_C$$

在上述 f_C 的定义下，对于 I_C 和 S_C 中的所有元素可得到：

$$S_C(t + 1) = f_C\,(I_C(t), S_C(t)) = [f_1\,'(I_{x,\,free}(t),\ S_C(t),\cdots,\ f_n\,'(I_{n,\,free}(t),\ S_C(t))]$$

这样，就完全确定了组合宏观机制的动态行为。此外，它又确实具有单个机制的转换函数所要求的那种形式。

重组元胞自动机

当我们观察国际跳棋棋盘时，可以用一个称为组装的过程，将它还原为"一簇"正方形的规则排列（见图 10-2）。例如，我们可以将棋盘看作单元的 4×4 排列，其中每一个单元又由初始单元排成 2 行 2 列（2×2）。我们也可以用同样的方法描述元胞自动机的几何图形。我们可以用 3 行 3 列（3×3）单元重组成康威自动机中的矩阵，每一个单元都足够大，正好可以容纳居中放置的"滑翔机"。

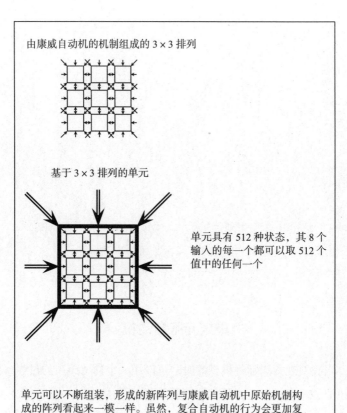

由康威自动机的机制组成的 3×3 排列

基于 3×3 排列的单元

单元具有 512 种状态，其 8 个
输入的每一个都可以取 512 个
值中的任何一个

单元可以不断组装，形成的新阵列与康威自动机中原始机制构
成的阵列看起来一模一样。虽然，复合自动机的行为会更加复
杂，但在新旧阵列行为间存在一一对应的关系

图 10-2　复合自动机

定义一个复合自动机

重组元胞自动机的过程隐含着一个更深入的步骤，为每一个单
元构造转换函数。我们可以认为，每一个单元表示一个复合机制，

这个复合机制由多个原始机制（细胞）组成。然后，伴随着上述过程，就可以为每个单元赋予转换函数。在康威自动机由 3×3 单元组成时，情况如下：

- 在 3×3 排列中，9 个"细胞"中的每一个具有两个状态，所以单元共有 $2^9 = 512$ 种复合状态。

- 每个单元有 8 个相邻的 3×3 的"细胞"排列，所以单元有 8 个输入。任意时刻下一个输入的取值将由相邻排列的状态决定，所以输入可以取 512 个值中的任意一个。

单元相邻的 8 个输入状态和它自身的状态，完全决定了这个单元的下一个状态。这样我们可以给出一个列表，表中的条目列出了输入状态和单元本身状态每一个可能的组合，以确定在所有条件下单元的下一个状态。这个表将有

$$2^9 \times 2^9 \times 2^9 \times 2^9 \times 2^9 \times 2^9 \times 2^9 \times 2^9 \times 2^9 = 2^{81} \text{ 个条目。}$$

2^{81} 是比 2 000 000 000 000 000 000 000 000 还大的数。这张表其实就是单元的转换函数，它不但大得无法用简单的纸和笔计算，而且也超过了任何一台大型数字计算机的存储能力。

使用上面定义的转换函数，可以得到一个网状的结果：由多个单元复合而成的新型元胞自动机。只要我们认识到每个单元都是由

康威自动机中的机制（细胞）组成的复合机制，这个新型复合自动机就可以还原为初始的元胞自动机。甚至可以很容易地将这个复合自动机中的任何行为都"翻译"成康威自动机中的行为；反之亦然，也可以把康威自动机中的行为"翻译"成新的自动机的行为。

解构一个复合的自动机

形式上的等价，并不意味着两种自动机中相应的行为可以简单地等同起来。仔细思考一下在复合自动机中关于滑翔机的描述。如果滑翔机正好处于单元的中央，一切都好办，我们可以容易地找出它相应的状态。但是，当滑翔机移动时，关于它的描述被分割成片段，分布在两个或更多单元中。此外，其他事件可以发生在单元中未被滑翔机片段占用的部分（见图10-2）。这些伴随着滑翔机移动发生的事件使状态描述变得复杂。因为不同的伴随事件能够导致不同的状态，所以会有很多状态显示单元中滑翔机片段的存在——事实上，这些状态是一个非常大的数字。又由于一些相邻单元包含的滑翔机片段未必恰好能组成一个完整的滑翔机，整个描述就变得更为复杂。

如果我们不知道复合自动机和康威自动机之间的关系，会发生什么情况呢？我们将会面临这样一个问题：必须找出其中的规律，才能理解这个有超过2 000 000 000 000 000 000 000 000个条目的转换函数！以这个转换函数作为基础，我们将会勾勒出一幅非常复杂的图案——甚至比这个巨大的数字描述的情形还要复杂，因为自动机的所有行为都依赖于相邻单元之间相互作用的次序。毕竟，我们只需要研究康威自动机中具有两种状态的细胞之间的相互作用，而这个图案已经非常复杂了。

　　怎样才能理解这个如此令人敬畏的东西呢？对于科学家来说，几乎本能地会用更多的基本组件来试图对状态进行重新描述，其目的在于找到一组新的组件和相互作用，能够比最初的方法更简单地描述组件的状态。这个目的比其他目的更能激发对问题进行科学的还原。它已经为"在复杂情况下组织知识和做出预测"这个问题提供了一种很有效的方法。无论是把夜空中的银河系星云还原为组成它的星星，还是把复杂的分子还原为组成的它的原子，我们都在抽取规律和做出预测的能力方面得到了极大的提升。在复合自动机的情形中，我们的目的也是如此。

　　当现实再度要求在复合自动机的最初形式中运用我们的知识时，这项任务相对而言就变得十分简单了。我们只需将单元及其状态和转换函数还原到最初组成单元的 9 个细胞即可。这样一来，滑翔机就再次被简单地描述，而许多其他规律就变得明显起来。如果我们必须在并不知道复合自动机最初形式的情况下，尝试还原的工作，通常就需要探索各种可能的分解（还原）方法，但这项任务恐怕就不会那么容易了。

　　在基础科学领域，许多卓有成效同时又是最艰难的研究往往都涉及一个非同寻常的任务：搜寻还原方法以揭示那些先前隐藏着的规律性。随着时间的推移，从观察到的化学变化，比如炼金术，到对分子、原子、原子核以及夸克的研究，这一历程显示了我们几个世纪以来的成就。因此我们获得的理解、预测和控制的层次——从医药到太空旅行的所有领域，正是日常生活中我们熟悉的元素。没有这一系列的还原，便没有这个理解、预测和控制的层次。另外，复合自动机中"还原"实现的可能性得到了保证，与此不同的是，基础研究并没有这样的保证。正是在先前成就的鼓励下我们才能不断地取得成就。

从康威自动机中引出的宏观规律

至此我们已经看到，一个现象用宏观描述可能是朦胧的，但现象在更基本的层次上就容易被描述和理解。然而，正是宏观描述和宏观规律引出的方式揭示了涌现现象的本质。我们回到了这样的观点：较高层次的规律能够增进我们对问题的理解，尽管那些更基本的规律确实完全约束了它们。通过明确而充分的框架定义，由受限生成过程重新描述的康威自动机向我们阐明了这一点。

我们再次关注滑翔机这个涌现现象的简单例子。滑翔机的本质在于，它是带有"自然"运动的变化模式：在没有外界干涉的情况下，它以每4个单位时间步长移过一个格子的速度沿对角线方向在空间运动。这时它的行为极像按照万有引力定律在物质空间移动的质点。在没有外力作用时，质点将以固定的方向和恒定的速率持续运动。这是一个关于受限生成过程的有趣试验，这可以用来试验我们是否能在受限生成过程的帮助下提取"滑翔机"的自然运动性质。

从直觉上说，这里的滑翔机是一种"复合"的质点，它具有变化的结构，"飘过"由康威几何图形提供的空间。那么我们能否在可变结构受限生成过程中建立一个"迁徙机制"来捕获这种直觉呢？

我们曾在第 9 章看到，某种机制，例如台球或热气体，是怎样在坐标系定义的空间中"运动"的。当时我们使用的技巧是：改变机制的输入条件，使每个输入条件从新的坐标中接受输入。例如，一个输入原先从 (x, y) 处接受输入，经过一次运动后将从 $(x, y - 1)$ 处接受输入。为把这一技巧应用于滑翔机，我们先想到了滑翔机共有 16 个相互作用的直接相邻的"邻居"，这些"邻居"提供了滑翔机的输入。如果滑翔机的中心坐标为 (x, y)，则它的输入位于坐标 $(x, y + 2)$、$(x + 1, y + 2)$、$(x + 2, y + 2)$、$(x + 2, y + 1)$、$(x + 2, y)$，以及 $(x - 1, y + 2)$。

如果滑翔机向下沿对角线方向移动，它的输入变为 $(x + 1, y + 1)$、$(x + 2, y + 1)$、$(x + 3, y + 1)$、$(x + 3, y)$、$(x + 3, y - 1)$，以及 $(x, y + 1)$。随着一个时间步长接着一个时间步长地推移，滑翔机实际的运动要比这里描述的略微复杂一些（见图 7-4）：滑翔机先向正下方移动，一个单位时间步长后向正左方移动，但解决问题的技巧和这里完全相同。只要在新坐标下的"邻居"为空（状态为 0），滑翔机就继续运动。这样做的目的是建立一个捕捉这种运动的宏观机制，其中非空（状态为 1）"邻居"对滑翔机的作用，被该机制视为滑翔机移动这一"自然"行为的某种异常情况（见图 10-3）。

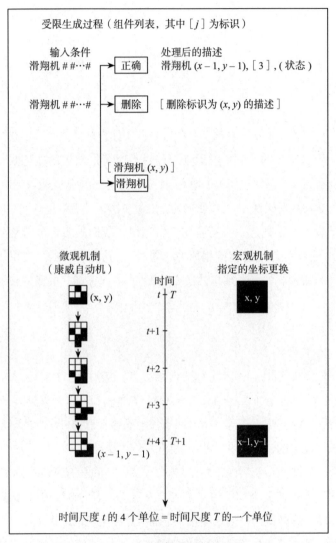

图 10-3　滑翔机的宏观机制

为此，通常我们必须为"滑翔机机制"定义合适的转换函数。这个转换函数必须能实现以下变化。

1. 当移动后所遇到的"邻居"仍为空，转换函数就使机制在 4 个内部状态中循环，这些状态分别对应滑翔机循环时依次经过的 4 个九宫格图式（见图 9-6 和图 10-3）。同时函数修改 16 个输入条件，以反映移动后"邻居"集合的改变。这样，机制的输出字符串展示了 4 个内部状态的反复循环，伴随着输入条件的改变以反映机制的运动。

2. 当遇到非空"邻居"——一种干涉或"碰撞"，转换函数必须反映由康威基本规则控制的复杂相互作用。通常碰撞会造成滑翔机的毁坏，即滑翔机的 4 个内部状态的循环被打断，同时第 1 条描述的简单宏观规律不再有效。在这种情况下，最简单的办法是放弃宏观机制，并将控制转向更基本的层次。

在"发生错误"时断然放弃宏观机制的方法，看起来似乎会打断我们的整个计划。然而情况并非如此。在变化 2 中遇到的情况实际上正是体制的改变，这在科学研究中十分具有代表性。例如，科学家遇到原子能领域的问题时，会放弃化学的宏观规律。通常体制的改变是将问题还原到更基本的层次，将系统基本元素的维数（三维或多维）降低。重复前面的观点，即三维或多维的变化经常需要一门新科学。在目前这种简单的情况下，从滑翔机的自然条件出发，把问题还原为康威自动机中更为细化的规律中来进行研究。

现在我们真正涉及了还原的本质。当我们观察规律性时，经常把描述"提高一个层次"，以替换那些从初始原理中实现起来可能会困难甚至无法实现的计算。这些规则仍然满足基本微观规律的约束，但通常包括一些附加的假设。在附加假设下，这些规则得以持续下去，我们则可以使用一种更加简单的"衍生"动力学。通常还可以使用一些短语，像"常规"或"自然"的条件，来描述附加的假设。当这些条件不存在时，我们便放弃宏观层次而转向微观层次，以根据需要对问题进行更加细化的考虑。想想正常情况下电流的传导。然而当我们转向一种"异常"的低温体（超导体）时，电流传导发生了巨大的变化，最初我们根本无法解释这种变化。如果没有还原的可能，面对一组缺乏组织性的观测结果，我们将只能对反常条件下事物的行为迷惑不解、束手无策。

EMERGENCE

第 11 章

隐喻与创新

FROM

CHAOS TO

ORDER

我们对涌现问题的探索是从数字和棋类游戏这两种历史久远的发明开始的。早于人类开始记录自己的智力成就之前很长一段时间，这些古老的爱好就被我们的先祖设计成游戏了。它们很容易描述却并不简单，在它们简短、直观的定义的基础上，许多新事物逐渐产生。它们体现了涌现现象的基本特征：简单中孕育着复杂。但同时也出现了一个问题：它们是如何产生的呢？于是，要理解涌现现象，就需要了解产生这些发明的过程。我们的探索也进入了更为广阔的隐喻和创新领域。

在这个领域，像数字和棋类游戏这样的发明体现了人类运用抽象和归纳方法来重新认识世界的能力。数字特别体现了抽象方法的运用：数字概念的形成，是从大量的观察结果中舍去几乎所有细节的结果，最终形成了"2""3"等更为本质的东西。学会了通过抽象来获取数字概念这种技巧，事情就变得容易多了。认识数字概念的组合应用比发现数字概念更有意义。几百年来，数字从用于牲畜计数，发展成为商贸的基础，再发展到代替神话来解释世界的毕达哥拉斯和阿基米德的相关理论。现在，它已经成为人类科学研究的核心（Newman, 1956）。

　　人们一般认为，棋类游戏不像数字那样有价值，然而在我看来，它同样也是科学研究中的重要基石，同样是人类感知世界的分水岭。在棋类游戏中，博弈参与者必须完全遵守共同认可的游戏规则，这些规则需要设计严密和紧凑，使游戏具备"可玩性"，它们是可以依据现实世界自由设计出来的，只在"移动棋子"等情况下偶尔受到现实世界的约束。不直接受现实世界约束的自由思考，促进了规则的改变，大家根据经验来判断哪些规则会使游戏更趋完善。每次新的尝试都会得到一点新的经验，获得由规则控制的新的微小世界。从这个角度来讲，世界可能是由规则支配的。

　　更重要的是，棋类游戏在基本形式上与原始状态下的数字有很大不同，能够体现正在进行的动态行为与后续结果的关系。从初始状态开始，依据游戏规则，棋手后续的每一步走棋会形成一个新的后续状态，不同的走法会产生不同的后续状态。这样，原因、结果，以及控制结果的可能性，都在下棋的过程中显现出来。

　　从古埃及的棋类游戏开始，现在游戏的规则已经发展为"逻辑规则"。古希腊哲学家泰勒斯（Thales）所倡导的"逻辑推理"让我们能够在更大的范围内理解规则的形成，逻辑推理对应于我们要寻找的能够解释具有涌现特征的系统的规则。这种逻辑推理要求建立共同规则，然后将推理结果与客观现实相比较。泰勒斯特别强调应当用逻辑推理替代神话来理解自然界。

从泰勒斯开始，人类依据包含因果关系的逻辑框架来对世界建模的尝试越来越复杂。例如欧几里得的几何学，以及后来开普勒的太阳系模型和牛顿的宇宙定律等。这些模型都只有很少的、很容易理解的规则，却产生了广泛的、可以验证的结论。

19 世纪，赖尔爵士（Sir Charles Lyell）等人针对山脉的风蚀速率和沉积物的沉淀速率构建了模型。于是，我们对世界及其年龄有了全新的认识。突然间，我们知道世间万物有充裕的时间和空间来进化和发展，也能够解释在采石场发现的神秘的"怪物"骨骼。这个模型中的规则简单，设想也是可验证的，更重要的是，这些规则符合万有引力定律。这也体现出科学逐步积累和扩展的特点，对框架中任一部分的每一次验证都会提高整个模型的可信度。正是遵循了赖尔的地质学理论，达尔文才能通过精心地观察和探索生物之间的联系取得令人信服的研究成果。他那位同他一样富有想象力和洞察力的祖父伊拉兹马斯·达尔文（Erasmus Darwin）没有取得成果，原因就在这里。

在现代科学的模型中，更经典的是将游戏所体现的动态逻辑性与数字所体现的普适量度结合起来，我们在毕达哥拉斯学派对数字和音阶之间关系的研究中看到了这一点。数字因为它的极度抽象性，几乎可以应用于任何事物，其运算规则可以很好地描述动态的累积效应，例如兽群的合并、把标准方砖砌到金字塔上时塔高的增加、匀速行走时距离的变化、轨道半径和轨道速度间的关系、有规律的风化时沉积物的沉积速率等。

科学中的创新和创造

我介绍过这样的观点，建模是科学发展的关键。现在是时候重申这一观点，把科学模型的构建运用到科学创新上来。

我们有必要将已经取得的科学成果和产生它的过程区分开来。已经取得的科学成果通常以科学论文或书籍的形式发表，展现的是一步步严谨的推理，每一步都直接而清晰地承接上一步（至少对于相关专家而言）。在论述上力求必然性，从初始点出发，无可辩驳地得到相应的结论。当然，这是一种理想状态，在实践中只能尽量接近，但优秀的科学著作在这方面还是很有说服力的。

这一被广泛接受的科学标准让一些学者和科学家认为，这种逐步的、几乎机械的过程是科学研究的实际方式。在这种观点中，想象力和创造力的作用被极大地弱化了。但是很少有科学家（如果有的话）确实是按照这种方式进行科学研究的。我稍后会谈到隐喻的运用及其对发挥想象力的帮助，现在，我们先从建模开始。

从伟大的理论科学家麦克斯韦于 1890 年说的下面这段话开始吧：

因此，必须找到这样一种研究方法，让我们的头脑在每一步都能掌握清晰易懂的物理概念，而不被任何建立在物理科学基础上的理论所束缚。这样一来，我们既不会为了追求精确的分析而偏离主题，也不会因有倾向性的假设而掩盖事实。

接着他举了一个更具体的例子：

把一切作为"想象的流体"的运动这样的纯几何概念，这只是"想象的属性集合"，可以用来在纯数学领域建立某些数学定理。这种方式比单纯使用代数符号更容易被大多数人理解，更适用于物理问题。

我们从麦克斯韦的其他著作中可以清楚地看到，基于他的"清晰易懂的物理概念"，他开始运用与之密切相关的一些装置。他详细描述了基于机械论的流体力学模型，并在此基础上得出了著名的有关电磁场理论的麦克斯韦方程组。这样，麦克斯韦利用特定的机械模型，得出了抽象的理论方程，这是继牛顿的万有引力方程之后最有价值的方程之一。

这类模型的构造与隐喻的构造有许多共同点。目标模型与已经构造好的源模型相对应。在科学领域，源模型和目标模型都是系统而非孤立的对象。它们通常是存在相互作用机制的系统，这种机制的基础是受限生成过程。例如，麦克斯韦在论文中明确提到，他为

"想象的流体"构建的"想象的属性集合",产生于通过齿轮和旋涡等描述的机械装置。寻找适合源模型和目标模型的机制进行的初期探索,往往可以获得重要的见解和直觉。结果显示,创造性的科学研究与呆板的科学研究有很大的差别。

先基于头脑中的目标,选择合适的源模型,在麦克斯韦的例子中,这个目标是他试图统一解释的大量电磁现象。在科学研究中,很自然的想法就是借助于某一已知系统。这个已知的源系统可以由一个基于一组定理的模型来表示,我们在本书的前面部分讨论过这样的模型。正如我们在受限生成过程中看到的那样,这些定理所定义的机制和相互作用发生了很有趣的现象。至于在源系统中,哪些属性是核心的,哪些属性是偶然的,我们在现实世界的实际验证中能够确定。

通过验证和演绎创建出的科学模型,逐步积累了一些包括相关技术、解释和说明的复杂概念,其中很多是不成文的。当一位物理学家对另一位物理学家说"这是一个质量守恒问题",他们的头脑中都会立刻出现用这种建模方法构建的同一个知识体系。采用源模型方法可以获得对新问题更深刻的理解,进而推动科学事业的逐步发展。

玛丽·黑塞(Mary Hesse)于1966年阐述了如下观点:

如果某个理论家按照模型发展他的理论……那么他不

能，也没有必要把和他所探究的模型相关的所有方面都用语言说清楚，因为同一领域的其他人能够领会模型所要表达的东西。事实上，很多时候他们发现理论不能令人满意，是因为模型存在致命的问题，而这些问题恰恰是模型的提出者没有调研过，甚至根本就没有意识到的。

源模型选定后，接下来需要将源模型的部分映射到目标模型。在麦克斯韦的例子中，就是将想象中的流体机制（源模型）与人们还不太了解的电磁现象（目标模型）建立关联。通过这种机制间的对应关系，将源模型领域的技术、结论和说明转化到目标模型领域。当然，如果模型间对应关系经过仔细选择，对于目标系统的研究也已有多年，我们对它已有了一定的了解，那么转化的结果在目标领域应该是可验证的。而且，因为新现象同旧现象是相关联的，也许会对旧模型有新的认识。这个反复和交互的过程会进一步加速知识的积累。

对隐喻的初步探讨

我们注意到隐喻包括源事物和目标事物，于是可以将科学创新中关于模型应用的讨论与隐喻的构造联系起来。我这里所使用的"隐喻"一词是广义的，也包括在某些特例的"明喻"和其他特殊情况下的"隐喻"。即使像"冰山，海上的绿宝石"这样简单的隐喻，它所涉及的也不仅仅是源事物（绿宝石）和目标事物（冰山）。

源事物和目标事物都被置于一个具有内涵和关联的框架中。隐喻使这些关联构架得到重组，扩大了源事物和目标事物的外延。一个恰当的隐喻，通过源和目标之间的交互，会产生各种惊奇的、有趣的或是令人兴奋的关联和解释。

马克斯·布莱克（Max Black）于 1962 年进一步指出：

> 隐喻是这样起作用的，它将辅助主题（源对象）的某些特性作为"相关暗示"作用到中心主题（目标对象）上……这些暗示通常包括中心主题和辅助主题的"共同性"，但在适当的情境下，它也可以是做隐喻的人特意想表达的反常的暗示……隐喻可以暗示出有关中心主题的一些特征论断，而这样的论断通常是用在辅助主题上的，这样就可以对这些特征进行选择、强调、压缩和重组。

再仔细看一看"冰山，海上的绿宝石"这个例子。它虽然简单，却可以帮助我们理解事物的概念。绿宝石给我们的感觉包括深绿的颜色、有多个反光的刻面、硬而易碎、闪闪发光、年代久远、象征着财富、富有东方的浪漫气息等。而阳光照射下的冰山也具备了其中的部分特征：闪闪发光，并且有蓝绿的颜色；在它可见的表面上也有角度尖锐犹如宝石刻面般的小平面。与此同时，冰山也有自己的特质：体积巨大、不断融化、危险性、地球两极的神秘感。

很难讲清我们对两个对象所形成的概念是如何在隐喻的连接中

改变的，个人经历不同，对于隐喻的反应也不同。但是对于大多数人，隐喻将会激发一长串的联想。如果你曾经见过绿宝石而没有见到过冰山，那么立刻就会对冰山有一个印象，认为它会很美。当你知道绿宝石的刻面很脆，只需在适当的位置敲击，绿宝石就会破裂时，你会认为当冰山受到碰撞时也会破裂。你甚至可以联想更多：既然绿宝石是财富的象征，那么相应地，冰山就是大海的象征。

"冰山，海上的绿宝石"是一个普通的、简单的隐喻，却产生了并不简单的概念转移，而更为巧妙的隐喻则可以赋予目标对象一个全新的意义。"男人是狼"这个隐喻使我们产生了丰富的、有时不太和谐的一系列联想：从群居生活习性到独自时的残暴。这种联想确实很丰富，以至于赫尔曼·黑塞（Hermann Hesse）据此写了一本小说《荒原狼》（*Steppenwolf*）。从某个角度讲，可能大多数的小说都是在深层次上扩展的隐喻，重新深刻地阐释了许多主题。

从表面看来，我们似乎可以不用隐喻，而是直接列出所关联的所有特性，而事实上这是不可能的。无论源事物，还是目标事物的概念都在不断扩展，它们是无定形的，两者之间的结合会强调某些方面，同时忽略其他方面。隐喻也同上下文情境密切相关，这种上下文包括了环境和观察者的阅历。事实上，在上下文或观察者头脑中可能还有许多其他隐喻，这些更清楚地表达了隐喻的内涵。在复杂的相关联的事物中，隐喻使它们之间的相互作用变得更加复杂。安伯托·艾柯（Umberto Eco）1994 年这样说过：

隐喻是极品。如果天分和后天的学习就在于将似乎不相关的事物联系起来，并在不同的事物之间找到相似之处，那么在所有的隐喻之中，只有最敏锐也最牵强的隐喻能够产生奇迹，并像剧院切换场景一样，给人们带来快乐。而且，如果这种转换之所以产生快乐，是因为可以不费力地认识新事物，如同在狭小的空间中放下许多物品，那么隐喻会使我们的思维在不同种类的事物间转换，从而让我们能够察觉整个世界而不仅仅是一个事物。

隐喻与模型的关系

下面列出的几个论断同样适用于隐喻和麦克斯韦所推崇的"源—目标"模型：

- 存在一个源系统，系统中各元素的相关属性和规则已经建立。
  对于模型而言，许多属性和规则是可以像受限生成过程中那样清楚罗列出来的，但仍然会有一些技术上、实践上和解释上的联系是隐含的。

- 存在一个目标系统，系统中存在难以理解和解释的、有规律的事物和一些可能存在的事实。
  对于模型而言，目标系统可以定义为可观察现象的集合。根据现有的模型，这些现象还无法得到充分的解释。

- 存在从源系统到目标系统的转换，这个转换给出了由源系统的推论向目标系统的推论转换的方法。

对于模型而言，这个转换可以通过将源系统的机制映射到目标系统的机制来完成。

无论是模型还是隐喻，所产生的结果都是创新，都让我们看到了新的联系。对于那些大量从事创造性活动的人而言，无论从事文学创作还是科研活动，都会同意这样的结论：隐喻和模型的运用是创造活动的核心。如何让我们能够在对创新过程的机制所知甚少，甚至也不怎么知道如何去做的情况下从事创新，需要对隐喻和模型的构建方法有进一步的研究。下面我们就谈一谈隐喻和模型在创新中的作用。

创新的培养

模型，特别是源模型，是由已经得到验证的部分和作用机制（生成器）组成的，隐喻则指出了源模型中那些与目标模型相对应的组成元素。模型和隐喻中都包括一些已经得到很好验证的部分，它们的组合将使观察者对事物产生全新的认识。

1994 年，艾柯在谈到某位作家的剧作时，曾这样说：

> 作为德谟克利特和伊壁鸠鲁理论的继承者：他罗列了大量原子的概念，用不同的形式来组织这些概念，最终形成由它们组成的事物……没有一位剧作家可以用那些可能而平淡

无奇的事情演绎出离奇而精彩的剧目，所以他们会对那些出
人意料的演出感到满意吗？

一旦选定了积木块——原子、各组成部分、生成器，接下来主
要的创造性活动，就是依据积木块不同组合的概率进行选择性的探
索。于是自然就产生了一个问题：如何去选择呢？

选择的探索和游戏中对各种状态（对策树）出现概率的探索
非常类似。如果将游戏中的规则作为积木块（生成器），那么在国
际跳棋程序中塞缪尔就要选择最有利的（能够获胜的）棋子组合。
他根据一些选定的特征来重新看待游戏，从而在游戏规则的约束
下，使每一个特征都能够很容易地被估算出。塞缪尔对游戏的重
新看待，同麦克斯韦重新认识电磁现象十分类似。后者是根据流
体力学模型的特征来认识电磁现象的，而这些特征都是人们熟知
的，也很容易验证。那么又一个问题出现了：麦克斯韦是如何选
择特定源模型的呢？塞缪尔又是如何确定他所使用的那些游戏特
征的呢？

这种直觉的跳跃到现在还是未解之谜。尽管包括我在内的许多
人都认为，这种关于创造过程并且能够得到很好定义的模型可能是
存在的，但目前为止还没有一个这样的模型，所以，我们并不了解
这些创造过程，只能依靠猜想。然而，在加强创新活动方面，我们
还是可以做一些事情的。

训练

对于在各个领域奋斗的人来说，上述问题的部分答案可能并不陌生，无论他所从事的是打网球、演奏钢琴、写诗还是构建科学模型，创新的一个必经之路就是训练。只有对所在行业或学科的元素（积木块）熟练到根本不必细想就能运用自如，才能进入创新的阶段。如果你是一名网球运动员，在比赛中只顾注意每个击球动作上，那就无法注意到比赛的整个过程、对手的体力状况、他的缺点和策略等信息。如果你是一位钢琴师，在弹钢琴时不得不把注意力集中在指法上，那你无法听到音乐的整体旋律。在这些专业中，对局部细节的关注都妨碍了对整体概念的认识，在其他专业中也存在这样的现象。

那些想逃避严格训练的学生经常这样讲："我只要查一查书本就清楚了。"这种方法与其说能对脑力加以训练，倒不如说是在对手指肌肉进行训练。不通过训练，只靠广泛的阅读，没人可以把网球打得很好或者弹得一手好钢琴，仅靠"查一查"就更不行了。对于脑力的训练也是这样。广阔的眼界、在多个可能中做出有效的选择，都必须建立在对积木块运用自如的基础上。

积木块的选择

在切实掌握与要达到的目标相关的积木块之前，我们是不能从训练阶段进入后续的实际操作阶段的。如果训练中出现的各种问题和现象已经得到了很好的解决，一般情况下，我们也就掌握了这些积木块。对于大多数练习者而言，他们所掌握的积木块是经过实践验证和筛选的。在一定程度上，这正是训练要达到的效果：获得同训练有关的积木块以及掌握相应的技巧。如果我们学习物理，就需要掌握运动、物质、能量和传递它们的力的基本知识；同时还要学习相关的工具，比如微积分。如果我们学习诗歌，就需要掌握有关韵律、节拍、修辞以及一些诗词歌赋的标准格式，同时还要学习运用一些评价工具来验证我们的想法和创意。其他的专业也会有类似的要求。

不受那些看似简单的描述所误导，这一点也很重要。学会如何利用积木块不仅需要相当长的时间，而且人与人之间的个体差异也至关重要。专业和隐喻在这一点上是相似的：它们都包括一些难以用语言表达的复杂内容。只有通过长时间的投入，才会对专业有"感觉"，但并不是投入了就能获得那种感觉。通过长时间的训练，会使人越来越适应所从事的工作，但正如打网球和弹钢琴那样，很少有人能够在其从事的领域出类拔萃。这是一个谜，它提醒我们，关于创造过程的定义还缺少很好的模型。对一部分人而言，各种积木块如同火花四溅一样相继出现，他们似乎能够毫不费力地掌握了一个又一个；而另一部分训练者虽经历相同的训练，得到的积木块却很少，即使最终有所创新，也是经过了艰苦的努力；此外还有一部分人，即使经过长时间的训练，能够理解已存在的事物，却无论如何也创造不出新的东西。

如果能更好地理解创造过程，就可能改变投入的结果，这一点我们并不是很确定，但可以确定的是，孕育创新的自底向上的筛选过程有潜意识层次的成分。一个定义很好的过程模型，一定不会局限于"意识流"式的描述。我曾经讲过，我确实认为人们是能够对这种成分建模的，只是还有相当长的路要走。

如果没有相应的专业会怎样呢？如果在标准框架内，那些有意思的现象和问题无法解决又会怎样呢？这正是麦克斯韦曾经面对的部分问题，他感兴趣并进行研究的电磁现象，在当时的科学框架中无法得到很好的解释。这时，极具洞察力的思维转换，如果你愿意，也可以称之为隐喻，就开始起作用了。麦克斯韦对于各种物理学知识运用自如，让他能够建立源模型，很好地实现了思维转换。

还有一点，对训练的投入是取得进展的必要而非充分条件。对于麦克斯韦而言，没有长时间对各种物理学知识的积累，就无法建立他的源模型。我们对麦克斯韦建立源模型的洞察力所知甚少。它包括发现潜在机制共同点的能力，而这是最重要的。"找到背后隐藏的机制"这句话很有用，但很笼统。我们只知道，当目标问题在已知学科中无法解释时，熟悉一些"相近"学科的知识，非常有助于从源到目标的转换。这种对"相近"事物的感知能力是我们称之为洞察力的神秘特性的一个组成部分。

探索更大的模式

一旦能够熟练运用选定的积木块，接下来的关键是察觉由这些積木塊所能組合成的各種有創意的模式。因為發現新的積木塊是很少發生的事情，所以多數創新都是利用已存在的各構件並對其進行重新組合產生的。例如，內燃機和數字計算機出現時，它們的積木塊都已經在多年以前，甚至幾個世紀前就存在了。就內燃機而言，它的積木塊有齒輪、文丘里泵①、由伽伐尼（Galvani）發明的點火裝置等。而對計算機而言，蓋革（Geiger）的粒子計數器、陰極射線管等技術也早已成熟（Burke, 1978）。

即使掌握了相同的積木塊，也可能有不同的創新。語言中的單詞或音樂中的主旋律提供了這些學科中的標準積木塊，它們總是會產生永無止境的創新。當然，在寫作和音樂中，也包括其他高層次的積木塊，然而，這些高層次的積木塊仍然是由單詞與和弦構成的，正如單詞與和弦又來源於更基本的元素：字母和音階。

我們又一次看到了還原富有創造性的一面。一個新單詞，它的字母原來就存在，字形和發音的元素也與原來的很相似，也容易認識，但它卻有自己本身的內涵、意義和外延。通常一個單詞完全或部分由那些人們熟悉的單詞複合而成，就像隱喻和麥克斯韋對"源—目標"模型的運用那樣，新單詞以擴展的形式獲得現存元素的含義。在科學遞階的層次結構中，高一級的層次要滿足低一級層次對它的約束條件。但高一級的層次又包含一些規則，這些規則只

---

① 依據意大利物理學家文丘里（Giovanni Battista Venturi）發現的"文丘里效應"而製造。通俗來講，該效應是指在高速流動的液體附近會產生低壓，從而產生吸附現象。——編者注

292

能通过该层内的积木块所表现出来的规律来理解。新单词一旦收录到辞典当中，就要遵循与辞典中所有其他词汇相同的规则。

　　可惜，我们对构成更大模式的感知过程以及由组合生成新事物的规律性还知之甚少，但这一步对创新而言极为关键。尽管我们在心理学和人工智能方面已经做了多年努力，但事实上，即使对于相对较为明显的视觉模式识别过程，我们知道的也不多。部分原因是，只有很少的视觉心理学模型是建立在眼睛快速扫视基础上的，而在人工智能领域根本就不存在这样的标准模型（参见第 5 章）。然而试验已清楚地表明，眼睛的快速扫视在人的感觉中是很关键的。如果有人问你有关一幅画或一个场景的问题，眼睛的快速扫视运动就不是随机的。你会迅速地把目光集中到相关的场景或画面上。这就像在国际跳棋程序中决定如何设计棋局一样（Samuel, 1959），这些决定同游戏当时的进展状况密切相关。在视觉模式识别中，忽略那些能够筛选出模式中突出特征的机制，使得我们在遇到辨识组合生成模式等更为精细的问题时裹足不前。

　　前面讨论过带回路的神经网络，这在微观层次上确实为我们提供了一些关于重复情况下显著特征内在化的线索——通过细胞集群和位相次序。交叉抑制和疲劳做出了可引导快速扫视的预期。如果这种预期规则地出现，那么相关的特征，如细胞集群，就会成为指令系统的一部分。但是这个层次上的机制同组合生成模式的感知过程还有实质性的差别，在高一层中出现的问题几乎都与发掘和训练有关。

我们在按照规则下棋时，可以看到一些为长远棋局变化和更精确的策略服务的、以积木块形式出现的定式，我们甚至给这些定式命了名，如捉双、压住和发现攻击。我们用这些定式来选择对策树中的一些分支，而忽略组成对策树中绝大部分没有意义和没有价值的部分。正是这种能力，使得人类下棋的方法与现在人人皆知的人机国际象棋大战中采用的计算机程序有本质的区别。这些计算机程序极大地依赖于耗时的搜索，也就是说，计算机每多预测一步棋，都要求计算能力的极大提高（参见第 3 章）。相反，精于棋类游戏的棋手只需关注几个相关的组合，而没有必要去关注对策树其余部分中大量无用的"垃圾"决策。

当然，人类下棋的方法也许会错过一些好棋。然而，对策树中杂草般的分支决定了耗时的搜索只能进行有限的几步。这样除了最简单的游戏之外，几乎在所有的游戏中，按照机器程序的方法都难以找到最好的对策。在像受限生成过程这样受规律支配的生成系统的更广阔领域，情况也是如此。受可能性的制约，无论人类还是程序，都必须在很大的组合空间中发现可以带来较好后果的对策。也可以说，在快速直接的扫视中，与耗时费力的盲目搜索相比，基于预期的显著特征和次序有很大的优越性。因为目的是追求改进，而不是寻找最佳，所以这种优越性就更为明显。

科学发展的历史表明，每一门学科的理论都在不断地发展，能够解释的现象越来越广泛。但在任何层次上，在可预见的未来，无论长远的预期是什么，宇宙的复杂性决定了不可能找到一个"最优"理论。甚至像国际象棋这样简单的小系统，我们仔细研究了几个世纪也没有找到"最优的"对策理论，怎么可能在真实的宇宙中找到这样的理论呢？我们甚至连宇宙的基本规律都还不了解。

但如果我们并不强求一定要找到最优的对策，那么这种不可能性事实上并不是一个非常致命的约束。当面对复杂的情况时，我们的目标通常是"做得更好"。无论是模型还是隐喻，这种"更好"可能是全新的、出人意料的，也可能是对类似事物的一种完善。尽管我们没有遍历对策树中所有的可能性，但几个世纪以来，国际象棋的博弈水平一直在不断提高，各种级别比赛的记录已经证明了这一点。同样，在过去几个世纪中，我们已经逐步创建了许多科学模型，这些理论无论在深度上还是在广度上都取得了持续的发展。但是，我们同样不知道未来会发展到什么地步。在隐喻、文学和诗歌领域，不断追求更好的努力虽然不是很明显，但新的创意也不断涌现，即使是那些最虔诚的正统卫护者，也不会再固守所谓"最好的"诗、戏剧或小说。

从这个观点来看，对于人类认识过程研究的中心问题将可能是认识机制和相互作用的本质，它们是在生成过程中识别出更大模式能力的基础。像 CopyCat（Mitchell, 1993）的例子那样，我们的研究看来是受到相关积木块左右的。隐喻、类比和模型，引导我们揭开世界上许多复杂的谜团。在能够对认识过程建模之前，人类是无法完全理解这个过程的。

没有捷径的创新

创新没有捷径，我们无法在掌握更多的事实和对假设的不断修正之间反复迭代。虽然我们偶尔可以遵循简单的"假设、检验、修正"这样的模式，但是对于创新而言，这远远不够。首先，它要求我们在开始时必须有一个目标。这是很自然的事，尽管有时显得很偶然，因为我们经常会遇到一些无法解释的现象或问题。其次，它要求我们按常规来形成总体框架，主要有两步：找到相关的积木块；将那些一致的相关积木块组合起来，形成一定的结构。

我们已经注意到，在科学中，新的积木块通常是通过更基本元素的组合在一个更详细的层次上构建的：蛋白质由氨基酸构成，氨基酸又由原子构成，原子则由原子核和电子构成，等等。但在后面将要谈到的文学和艺术方面，情况看起来不完全是这样。在所有这些情况下，一个新的积木块的出现会带来巨大的变化，因为积木块的组合又有了新的广阔前景，将会影响到所有相关的领域。

当选定一系列的积木块以后，创新取决于在过量的潜在组合中进行选择。可能的组合数量巨大，所以相同的积木块可以重复使用多次，并不会降低发现新事物的概率。考虑一下语言中标准的积木块，也就是文字，或者音乐中的主旋律。掌握这些复杂事物的关键，是发现组合中具有显著特点的模式。有创造力的人在做这种选择时很有天分，至于他们是如何做出正确选择的，我们还不清楚。

一个值得检验的推测认为，创造过程中的选择机制和生物进化中的选择机制是相似的，只是前者在更短的时间尺度内完成。即使像加速这样简单的小事件也可以使模型发生巨大的改变，从而改变我们的看法。一部演示野生葡萄藤如何爬上树的影片采用动态画面后，看上去效果就很显著。地质演化的图像采用动态画面后，可以清楚地反映天空中连续流动、变化莫测的云彩运动。某一有机体种群进化过程的图像采用动态画面后，能够显示出动物进化中尝试性的探索、回退、重新探索的过程，以及我们在创造性的活动中所积累的认识。无论是进化还是创造性的探索，都会遇到模式和发展方向（策略）选择问题。这两种情况中，出现的积木块不断重新组合并相互作用，累积其影响。我们在前面（参见第 10 章）关于还原论的讨论中已经见到几个这样的例子，关于这些机制更为详细的讨论见《隐秩序》一书。我认为，可以模仿麦克斯韦从传动装置到场理论的转化过程，通过对自然选择机制的转化，为所要认识的事物建模，进而获得许多新的知识。

诗歌与物理学的创造过程

当我们研究具有创造性的过程时，比较一下代表人类智慧结晶的两个伟大的 P：诗歌（Poetry）和物理学（Physics）是很有意思的。虽然它们中的每一个对我们周围的世界都产生了深刻的影响，但它们的学科领域看上去极不相同。正是这种不同，产生了一种简洁的对比效果，这对于加深对涌现和创造过程的理解非常重要。

　　除了种种区别，诗歌和物理学在深层次上，在关于创造性的行为上也有相通之处。它们都努力发掘事物背后隐藏着的东西，只不过诗歌是关于人类社会的，物理学是关于物质世界的。它们都需要通过辅导、训练和经验得到相应的指导和工具，并在各自学科领域的框架和限制条件下发挥作用。对于诗人而言，这种限制包括格式（如十四行诗）、世界神话（如俄耳甫斯传奇）以及象征（如玫瑰）等；对于物理学家而言，这种限制包括标准模型（如台球模型）、普遍规律（如能量守恒定律）以及数学形式定义（如微分方程）等。无论是诗歌还是物理学，对称性的破缺或节奏的改变都暗示了新的可能和机会的出现。对于诗人，节奏的改变可以引起进一步的关注或得到特殊的表达；对于物理学家，相互作用的对称性破缺意味着存在新的粒子。基于经验的直觉、感觉和联想，对于诗歌和科学理论来说都是必不可少的。但是，如果有人想违反规则，相关的约束也会阻止。诗人和物理学家都会同意弗朗西斯·培根（Francis Bacon）的一句名言："真理来源于失败而不是混乱。"

　　诗歌和物理学在过程上的相似性很值得研究，但在结果上的差异也同样值得研究。诗歌所关心的是能给各个层次的读者带来不同而模糊的东西，而科学理论则要消除那些模棱两可的东西。科学理论从前提出发，然后进行步步为真的一系列严格推理，从而得出结论。诗人用公认的语法将大家所熟知的基本纳入一个框架中，以此来表现不寻常的东西。框架中所采用的模棱两可的语言，则使读者产生了多种感受，而不是表面直白的意思。科学家则使用公认的逻辑和数学方法，将观察结果纳入框架中，并运用它进行推测。框架中采用了通用的数学表述，使得研究者能从特定的观察结果发展到普遍适用的规律。

某种意义上，诗歌的框架太自由，而数学的框架又太死板。诗歌框架的过分自由使它很难继承。尽管诗歌这门学科也在发展，特别是积累了很多表现技巧，但是，它的表现深度并没有变化。古希腊喜剧代表作家阿里斯托芬（Aristophanes）的戏剧在现代环境下还是老样子。就科学理论而言，它严格地运用已存在的模型作为源模型，从而得到新的更完善的模型，取得了一个又一个进步。开普勒的理论为牛顿理论所继承和超越，而牛顿的理论又为爱因斯坦理论所继承和超越。在不可预知的未来，这种继承和超越还将进行下去。然而，数学框架的严格性也限制了科学家的能力，使他们在研究生活中一些意义广泛但难以定义的领域时，遇到了难以跨越的困难，如我们常说的“美丽”“公正”“目的”“意义”等概念。而诗歌在这方面的发掘能力则远远超过了科学。

将诗歌和物理学更紧密地结合起来不是不可能的。赫尔曼·黑塞的《玻璃球游戏》（Das Glasperlenspiel）一书给我们以启示，是否可以通过受限生成过程的严密性，找到一个“游戏”，它能够使用诗歌的各种极具表现力的符号，形成富有表现力的组合。自第一次阅读黑塞的这部著作起，我就一直在思考这个问题。

不能停止的涌现研究

"结束"有两层意思，第一层是"终止"或"完成"，第二层是"趋于结束"。在这里，两层意思都有。

作为第一层意思的"结束"，我将总结本书的部分要点，尽管本书的表述缺少诗意，但做出总结却同总结一首诗一样困难，需要找到一种合适的表述方式。此外，"涌现"和"意图"或"公正"一样，现在还没有很明确的定义。这种不确定性使我们只能进行关于部分的描述，而这种描述严重依赖上下文。所以，这层意思上的"结束"，主要是想抛砖引玉，以便引起大家对涌现研究的进一步关注。

对于第二层意思的"结束",我要强调一点:我们对于涌现的探究还远远不够。就算是我本人,对涌现的认识也很贫乏。但我还是力图采用一种比较复杂、比较正规的手段来表述我的认识。当然,我们已经取得一定的进展。尽管受限生成过程还无法为涌现提供必要和充分的条件,但它确实已经捕捉到涌现中的许多重要因素。无论如何,受限生成过程为我们继续研究涌现提供了一个起点。所以,这层意思上的"结束",主要是就如何基于这个起点继续进行研究提出一些想法。

作为总结的结束语

我们需要说明两点。

1. 这里重述的要点都是从相关上下文中抽取出来的。如果存在一条贯穿全书的理论主线,那么要点的含义同上下文的论述关系不大。但实际上,我们对涌现的探索还没有那样深入,还没有这样的理论主线,所以只能通过对相关问题的论述来表达中心思想。下面的概括与其说是自圆其说的总结,还不如说是对相关准则的一系列提示。

2. 即使是以非正式的形式,我也不想列出一系列关于涌现的必要或充分的判定标准。具有涌现现象但不满足这些标准的例子肯定存在。也就是说,在逻辑关系上,这些判定标准不是必要的。也有可能存在一些例子表明，有些系统虽然符合这些判定标准，但并不具备涌现现象。也就是说，在逻辑关系上，这些判定标准也不是充分的。我只能说，在模型或真实世界中，当你观察到一些符合这些标准的过程或系统时，很可能会在这些过程和系统中观察到涌现现象。

基本概念

到目前为止，关于涌现的研究，还没有一个能为大家共同接受的正式框架，所以一些已经得到很好定义的技术性概念，就成为这个正式框架的基石。我们在论述中遇到的最重要的概念主要有三类：**纯数学概念、有关系统的概念、一般的非正式概念**。我不会重复前面已经定义过的概念，只是简要地评价它们在探索中将会起到的作用。

首先，有一些纯数学概念或逻辑概念。

等价类：删去细节以强调被选定特征的形式化表示。等价类由研究范围内具有某些相同特征的所有对象组成。

函数（数学映射）：作为一系列对应关系的形式化表示。通过这些对应关系，一个集合（定义域）中的每个元素，均能在另一个集合（值域）中找到对应的元素。转换函数这一基本概念已成为系统理论的核心概念。

生成器集合：用作规则和规律的形式化表示，包括一组初始元素，对应于棋类游戏中的棋子，以及对这些元素进行组合的合规方式，对应于游戏规则所规定的合规棋局。这个概念不但是本书的主题——建模的基础，而且也是将对涌现的讨论与受限生成过程统一起来的普适理论。

"如果／则"子句：用于设定所允许的相互作用，特别是主体之间的相互作用。刺激—反应行为，即如果［刺激］则［反应］，可以看作这个子句最简单的用例。"如果／则"子句是一个能够使主体具有可变性，能够有条件地做出反应的核心概念，也正是这个子句使计算机的功能变得非常强大。

其次，有一些同系统和游戏密切相关的概念。

状态。系统的状态并不在意过去的历史，只要给未来提供的选择是一样的，就视为等同的。相应地，我们需要知道的只是系统当前的状态，以便由此确定未来可能的状态。对于棋类游戏而言，可以将棋盘上棋子的排列组合直接作为它的状态；而对于更加复杂的系统，如神经网络或者物理系统，可能就不能这么轻易地定义了。

转换函数。转换函数将所有合规的"状态"以及输入，包括输入信号、所使用的力等，都作为自变量，也即定义域。状态和输入共同指定了下一个会得到的状态。也可以对转换函数的定义做一些扩展，使得下一个状态的出现由概率决定，而不是百分之百确定的。但在这里，我们不必考虑这一点。棋类游戏中所有可能的动作序列的树形结构，即博弈树，就是转换函数的一个简单的例子；国际象棋和纸牌存在明显差异，但凭借博弈树，我们能够将对它们的研究统一起来。

策略。当系统中存在影响状态序列的输入，而且各种不同的状态之间存在优劣差异时，比如可根据期望来判断，就存在策略的问题。对于转换函数定义域中的每种状态，当系统已设定一个特定的输入值时，例如，游戏中的每个参与者都选择了一步走法，也就确定了一个对应的策略。也就是说，策略是由将状态映射到输入值集合的函数决定的。如果系统有多个输入，例如，游戏中每个参与者都有一个输入，而针对每一个输入都选择了一个策略，那么，从任何初始状态开始，最终得到的状态序列（状态轨迹）都是一样的。例如，在国际象棋中，如果博弈的双方都完全掌握所有的策略，那么博弈的最终结果会是确定的。事实上，对于复杂系统而言，我们几乎不可能完全掌握系统中所有的策略，因为可能的选择太多了，不过这样的概念有助于将游戏和系统这样不同领域的事物统一起来。

最后，在发展过程的每个阶段，都存在一些一般性的，然而却起着关键作用的概念。

积木块。可以把积木块技术性地定义为生成器，但是它的全部含义远不止于此。积木块概括了大量内容，从物理学的机制，到我们将周围环境分解为各种熟悉事物的方法等。我们可以将积木块看作一种方法，对于具有涌现现象的系统中不断出现的新奇事物，运用这种方法就能够抽取出基本的特征。

模型。这是涌现现象研究中最重要的概念。构造模型的关键步骤是选择显著的特征（等价类）和规律（生成器和转换函数），这些特征和规律支配着模型的行为。模型建立的步骤是在隐喻方法和"源—目标"模型的引导下逐步完成的。如果没有完全理解模型，那就无法理解涌现和创新。

主体。大多数具有涌现现象的系统都可以根据主体间的相互作用来建模。从随机相互作用的"台球"，到能够自适应、自学习的有机体组织，都存在主体，它提供了对具有涌现现象的系统建模的最快方法。主体的概念在本书的讨论中没有处于首要地位，不过我已经在《隐秩序》一书中详细论述了这一概念。

摘要重述

根据以上概念，我给出 8 个要点。

1. **涌现现象出现在生成系统之中**。这些系统是由那些种类相对较少并遵循着简单规律的一些基本元素及其大量的"副本"组成的。一般来说，这些元素及其副本相互作用，从而形成阵列，如国际跳棋、网络、物质空间中的点等，这些阵列在转换函数的作用下可以随时间变化。

2. **在这样的生成系统中，整体大于各部分之和。**系统各部分间的相互作用是非线性的，所以系统的整体行为不能通过相对独立的各组成部分行为的简单叠加得到。换句话说，系统行为中存在一些规则，这些规则无法通过直接考察各组成部分所满足的规律得到。这些整体行为规则不仅可以解释或部分解释系统的行为，而且能够说明特定的行为控制方式。例如，在国际象棋中，一个棋手采用基于某种兵形的策略可以持续获胜。

生成系统的定义尽管决定了其他方面，但也只是简单描述的起点而已，以后的活动则要通过进一步的考察和试验来决定。从这种意义上讲，输出大于输入。

3. **生成系统中一种典型的涌现现象是，组成部分不断改变的稳定模式。**涌现现象让我们回忆起湍急的小溪中不断冲击石块的水流形成的驻波，其中的水分子不停地变化，而驻波的形状基本不变；在这一点上，它们同那些由固定成分组成的固态物质有所不同，如岩石和建筑物。典型的例子是国际象棋移动和变化的兵形，或者一系列神经元的反射。有机体组织存在这样一些稳定的模式：两年之内，构成它的所有原子都会被更新，而且大部分成分人约几周就更新一次，而有机体组织的整体外形和功能一般不会有大的变化。

只有这样稳定的模式才会对生成的系统将来的结构产生直接、可追踪的影响。当然，系统的规则确保了所有结构间变化的因果关系，而只有这样的稳定模式才能确保这些系统进行持续、可追踪的演变。

4. **一个稳定模式所在的环境决定了它的功能。**由于非线性的相互作用，环境会对模式产生影响。在康威自动机的影响下，滑翔机就会有不一样的用途，这就是环境影响功能的一个简单的例子，却很能说明问题。生物系统的多样性则提供了一个更复杂的例子。举个例子，三块连接在一起的骨头，起初是鱼的鳃弓的弹性联结装置，后来演变到爬行动物时，这个联结装置的作用是让它的嘴张得更大，再后来则演化为哺乳类动物内耳中的联结装置。这三块骨头的联结装置结构清晰并随着时间的流逝保存下来，但受环境影响，它的功能发生了变化。正是这种环境因素的变化，导致我们难以从后验的角度描述涌现现象。

5. **稳定模式之间的相互作用带来了约束和校验，随着这样的模式数量的增加，系统的"能力"也会增强。**举一个简单的例子：请想一想，生物通过 DNA 代码冗余来加速修复其复制过程中局部错误的方式。随着个体数量的增长，蚁群和神经网络会表现出新的能力，则是两个更加复杂的例子。

非线性相互作用以及由其他模式（有时只是给定模式的副本）决定的环境的作用，都增强了这种能力。特别是在随着参与者的数量增加，可能的相互作用的数量以及可能引起的反应的复杂程度，也出现了急剧增长，比如按阶乘级数增长。

6. **稳定模式通常符合宏观规律**。当可以用公式表达宏观规律时，对整体行为模式的描述就不必再借助那些决定个体行为的微观规律，即生成器和约束。相对于其组成元素的行为细节，宏观规律通常更加简单。描述康威模型系统中滑翔机行为的规律就是一个很明显的例子。

7. **"存在差别的稳定性"是那些产生了涌现现象的规律的典型作用结果**。例如，在塞缪尔的国际跳棋程序中，新的策略或新的权重，是通过修正那些稳定战胜对手的策略的权重得到的。在神经网络中，稳定的反射模式可以转变成具有更复杂行为的组成元素，即赫布的细胞集群。另外，在达尔文的生物进化论中，能够产生新变异、持续时间足够长，以至于足以积累足够的资源来复制自己的那些模式。

存在差别的稳定性具有不同的表现形式。有些模式只在没有遇到其他模式时存在；另一些模式则存在于相互作用中，并逐渐分解或者转化为其他模式；还有一些稳定模式只同极少数其他模式发生相互作用，并在所有其他环境中保持形式不变。

存在差别的稳定性对生成过程可以有很强烈的影响。那些在多种相互作用中都存在的稳定模式很可能在生成过程的早期起关键作用。这样，可以尝试许多可能的组合，进而提高出现更复杂的稳定模式的可能性。在这些一般模式的基础上，出现了相互作用范围非常有限的特殊模式。特殊模式偶尔也会以某种共生的方式同一般模式结合在一起，并避免一般模式受到足以导致它解体的相互作用的影响。

　　图 1 中这个默认层次形成过程的图例，说明了这样的相互作用。

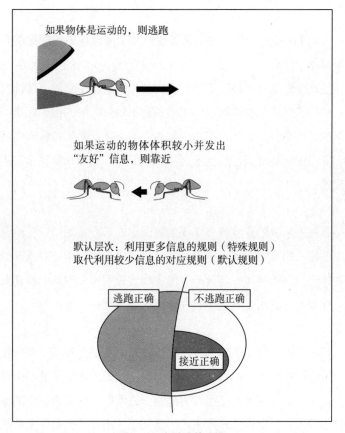

图 1　一个默认的层次

有一个简单的生命体，例如一只蚂蚁，我们假定它遵守这样一条一般规则：无论何时，蚂蚁察觉到任何移动的物体都会逃走。绝大多数情况下，蚂蚁都严格遵循这样的规则，因为周围环境中多数运动着的、较大的物体都可能使它"解体"。这条规则经常被验证，常常能让蚂蚁避免受到伤害并且没有直接的损失。即使没必要避开时，它依然会这样做。所以从另一方面来看，这个规则也导致蚂蚁没有机会与其他运动中的蚂蚁直接接触，长期而言，这是非常有害的。肯定有其他特殊的规则存在，对第一条规则进行了修正：如果物体是 [运动的] 并且 [是小的] 并且 [发出了"友善的"信号] 则 [接近这个物体]。当这些特殊条件满足时，这个特殊的规则就会起作用，于是，一种共生的关系就出现了。特殊模式避免了一般模式的缺陷对整体造成的长期损害；同时，一般模式则在不会引发特殊模式的情况下防止个体的"解体"。

相比特殊模式，一般模式的稳定性更容易验证，因为一般模式能在非常大的范围内得到验证，而与此同时，只有极少量特殊模式能得到验证。结果是，一般模式为与之交互的特殊模式奠定了坚实的基础。而较少得到验证的特殊模式，则在"开发"的环境中更容易"解体"。这种与采样率的关系，涉及了宏观规律的出现和分层的生成过程。关于默认层次更深入的讨论，请看《隐秩序》一书。

8. **更高层的生成过程可以由强化的稳定性而产生。**交互支持的相互作用，例如共生现象与曼弗雷德·艾根（Manfred Eigen）和鲁蒂尔德·温克勒（Ruthild Winkler）于 1981 年提出的超循环理论，常常会强化组成部分模式的稳定性。当这些稳定性得到强化后的模式满足简单的宏观规律时，在原有的生成过程之上，一个新的生成过程出现了。

这样形成的生成过程仍然遵循底层的生成过程的规律，但是如果按照原有的生成过程来看，它显示出来的一些模式是难以想象的。更高层次的生成过程可以持续强化，最终完全"替代"底层的生成过程。

达尔文关于哺乳动物眼睛起源问题的论述，就是一个诱发在更高层次形成生成过程的好例子。而这样的生成过程所显示的模式，从底层元素的角度来看是不太可能的。在达尔文之前，有人认为，如眼睛这样精致而有组织的器官，只能是上帝的杰作，它不可能是各个组成部分偶然组合到一起的。事实上，同许多生物器官一样，如果仅仅认为眼睛是从所有由原子组成的大量物质中随机筛选出来的，那么它们确实不太可能出现。

达尔文宏观上的论述现在已得到关于眼睛的分子生物学深层次的证实，而这些事实在达尔文写生物进化论的时代还是不可知的。现在我们知道，光能改变了某些结构相对简单的生物分子键，并产生一系列可以激发神经元这样的连锁反应。光敏化合物、晶状体、视神经等，作为更高层生成过程的积木块（生成器），最终形成了眼睛。达尔文关于眼睛逐步形成过程的论断，也可以从分层的生成过程角度重新表述。就基于原子间的相互作用形成分子的生成过程而言，眼睛的出现确实是不可能的事情，但当我们考虑到出现了更高层的生成过程时，那么眼睛的出现就成为可能了，甚至眼睛是必然会出现的。

眼睛的生成过程在进化中至少发生过两次：一次是哺乳类动物，一次是头足类动物。这两种情况中所利用的积木块，如化合物、细胞形态等，都不相同，但最终形成复杂结构的眼睛却由相同的构件组成，这些构件是透镜、调焦系统、视网膜。在某些方面，鱿鱼和章鱼等头足类动物的眼睛甚至比哺乳类动物的还要好。显然，当我们考虑到积木块时，眼睛的形成就不再是不可能的了。将极不可能转化为可能，是具有涌现现象的系统的一大重要特征。即使最简单的稳定模式，在生成过程中出现的概率也是极低的，但是，只要这个生成过程持续时间足够长，那么这个稳定模式就一定会出现，并且会一直持续下去，并同其他稳定模式（其他副本或变异）相结合，进而出现更大的、稳定性和能力更强的模式。一旦发现一些最初的积木块，比如简单的膜、克雷布斯循环、不同成分的黏连等，能够产生自繁衍组织的组合数量就会急剧增加。很多人认为，进化需要一系列的不可思议的发现，所以，它是一个"极为缓慢"的过程。持有这种观点的人忽略了进化是加速的。如果考虑到一系列分层的生成过程，很多不可能的事情将成为可能。

作为研究起点的结束语

为什么这是探索研究的起点，而不是终点呢？是什么阻碍了我们科学地理解涌现呢？

现在，我们能够识别出一些阻碍我们进一步认识涌现现象的障碍。在这里我将讨论这些障碍。当然，这里还有一个更大的问题，但我不会去深入讨论它。因为从科学的层面上说，我们能够理解的内容可能只是宇宙的一部分，而通过规律（公理和方程）所描述的这部分宇宙，仅仅是整体的一小部分。如果是这样，人们可能就会无法科学地认识涌现的某些方面。然而我们已经知道，涌现中确实存在有规律的部分，这正是我们能够观察和解释的。我所指的就是这些部分。

数学上的障碍

严格来说，我们对于能够直接处理非线性问题的数学知识所知不多。几乎所有已经建立得比较好的数学工具，比如微分方程、概率论、马尔可夫过程等，都是以线性和可加性假设为前提的。即使那些将非线性作为研究对象的数学领域，也常常依赖于线性近似。于是，大部分的科学模型都是在某个层面上建立在线性和可加性假设基础上的。

我们经常建设性和规律性地处理非线性问题的一个领域是计算

机建模和模拟。对于这一方面，几乎没有现成的指导理论，人们只能在学习中逐步掌握技巧。例如，当构建计算机模型时，通常会将大量的基于偏微分方程的模型转化成计算机程序。建成的模型始终建立在线性理论基础上，而且没有探究是否存在将计算机模型建立在精确的非线性模型上的可能性。虽然元胞自动机是一个有趣的重要尝试，但几十年过去了，这种实验仍在进行，得到的有价值的理论也才刚刚脱离了起步阶段。

有必要再次强调的是，建立计算机模型只是在理论和实验之间做出的折中。计算机模型具有数学模型的严密性而没有普遍性，它们可以选择和重复一些得到验证的实验，但缺点是没有同现实紧密结合。我们几乎还没有开始探讨在这个领域建立非线性模型的可能性，但计算机模型肯定将会提高我们对涌现现象的理解。

认知上的障碍

在更深层次上，妨碍理解涌现的一个重要原因是我们在许多认识方面的完全无知。甚至在最基本层面上，我们对灵长类生物视觉方面的建模就是极不准确的。这导致我们对感知的理解是很肤浅的。人类对模式识别的建模过程似乎是将完整的画面以很大的、静态的像素数组（二进制图形元素形式）输入大脑。但视野中实际的原始影像，正如在第 5 章讨论神经网络时简单提到的那样，是通过一系列快速扫视，以快照式输入的方式被识别的，每一次识别都只是对整个事物影像的局部捕捉。相关实验显示，快速扫视在中枢神经系统中是由更高级的活动部分引导的，而且快速扫视还涉及局部的预期。显然，快速扫视对选择突出的特征起到了很大的作用，进而对于我们为世界建模大有裨益。

如果在这种基本的水平上，我们尚且不能对突出特征和模式识别建立模型，那么，对诸如隐喻和意识这类具有选择性的意图进行建模就更困难了。我们已经看到，在隐喻形成中，"源—目标"相关概念和有意的模型构建，与创新的效率关系密切。在中枢神经系统中，真的存在与快速扫视活动相类似的、协调着高层次视觉选择和期望的部分吗？这个过程似乎很适合用赫布关于中枢神经系统运行中细胞集群定位的观点来解释。但是，关于中枢神经系统如何从接收到的那些无限的、新奇的、如洪流般的信息中选择出相关信息，我们还没有成熟的认识。只有获得这样的认识，那些与建模、修辞和创新相关的关于涌现的认识才会有意义。

观念上的障碍："科学发展到极限了"

在列举以上障碍时，我只是提出一些尚需解决的问题，并不是为我们的努力到了尽头而悲哀。因为有许多困惑我们的问题，从经济调控到理解意识，都涉及起决定作用的涌现现象。可能会有人据此草率推断，认为在某种程度上存在着不可逾越的障碍。持这种观点的人认为，当前的科学是无法解决这些问题的。

目前在某些场合，有关"科学发展已到极限"的观点又流行起来，他们认为像涌现这样的问题，科学是无法解决的。这种观点让我们想起20世纪末一些伟大科学家的宣言。甚至再向前回溯，自牛顿时代起，每个世纪末都有类似的断言。这些科学家认为主要的工作已经完成，剩下的就是细节问题了。每一代人都几乎不可避免地认为已经为未来的所有工作打好了基础。的确，这有一定的道理，因为如果不是这样，科学事业就不会积累发展到目前的阶段。但这种观点的确会妨碍对基础的扩展和深化。尽管有这样的断言，但科学依然会向前发展，进入更新、更广阔的繁荣时期。

在20世纪，科学取得了基础性的长足发展。我们自然期望那些致力于基础学科研究的科学家发表令人信服的声明，来纪念这个千年的结束，但这样的声明并未出现。目前的讨论大部分源于非科学人士，他们认为有些看上去属于科学范畴的学科事实上远远超出了科学的范围。这样的声明在形式上同以前的大部分观念相左，并且没有多少人知道。

没有多少证据支持这种观点。相反，反驳这种观点的证据倒是不少。现在仍然存在许多"宏大"的议题：从物理定律的统一到生命起源，再到意识的本质。而且，新的科学问题还在持续不断地出现，这些都需要做出科学的解释。20世纪，那些为基础学科发展做出贡献的、依然在世的科学家看到了这些目标，并积极致力于指导我们达到目标。我记得有位科学家讲过"余下的就是细节问题了"之类的话。特别是，在可接受的科学模式方面，在理解这些问题方面，还存在进步的余地。在更深的层次上解决这些问题需要更长时间的努力，还需要持续地研究和推动。

　　科学发展史佐证了这个观点。从古希腊人发现静电并认为那是琥珀的属性，到麦克斯韦理论的提出，两千多年过去了。尽管经过了这么长的时间，即使有时仅仅存在零星的研究活动，我们对电磁现象的认识仍然在扩展，并在已掌握的基础知识上稳步扩大应用范围。今天我们对于电磁现象的理解比几十年前要深入，更不用说同几个世纪以前相比了。但即便这样，电磁现象目前仍是一个非常大的科研课题。有证据表明，我们要在科学上取得基础性的进步，还有相当长的路要走，试图寻找一种单纯的最终结论是错误的。

关于建模的两个警告

　　正是寻找规律的做法把涌现的研究正当地推向科学的范畴。尽管理论科学家们运用了跨学科、建模、有选择地运用观测结果和纯直觉等方法进行研究，但最终产物严密地、明确地源于由一系列推理规则（生成器）构成的逻辑结果（定理）。如果理论正确，这些逻辑结果会带动新的观察。例如，爱因斯坦的理论最初只是用来进行一些精细的验证，比如水星轨道的微小偏移，或者当星星在太阳附近时，光线轻微的位移等，只有狂热的爱好者才会对此感兴趣。然而，正是这些早期的验证促成了后来极具戏剧性的实验和观察，引出了质能方程，让人类能够前所未有地控制超大数量级的能量。

对于科学理论而言，这样的故事不胜枚举，而且不仅出现在引力理论、电磁场理论和热力学理论等主要理论当中，也出现在那些应用不太广泛的理论领域，如超导和激光等。这些理论起初往往只能通过精巧的试验得到验证，只有一些与其直接相关的人感兴趣，而一旦得到了验证，它们就会产生范围更广的派生理论和观察结果。

在这方面，数学理论取得了持续的成功，甚至许多科学家都认为，在帮助人类了解世界方面，它有着"不合理的有效性"。我认为对积木块的讨论有助于解决这一神秘难题。从数字开始，整个数学都源于对世界的观察和建模。事实上，如果数学在某种程度上同世界的运行方式不相关，而它又能够计算出我们所知道的进化过程中的任何事物，那才会令人吃惊。那些在文明进化过程中延续下来并不断扩大应用范围的主要积木块，如游戏和数字，必须同感性认识的积木块，如分析视觉时通用的可重复使用的片段，以及生物化学的积木块，如细胞黏附分子、克雷布斯循环等，遵循相同的标准，所有这些积木块都作为可进行多种方式组合的生成器，推动世界不断变化。

在数字和度量方面，数学的起源同实践紧密相连。从一开始，数学就同我们周围的世界息息相关。只有到了 20 世纪，才有相当多的数学家（大多数都属于布尔巴基学派）提出了这样的观点：数学能够而且应当作为一门完全抽象的学科，它所使用的标准应该和应用完全脱离。许多科学家常常借助敏锐直觉进行研究，这种直觉建立在以前的算术、几何学和物理学知识融合的基础之上。数学充分体现了我们最复杂的意图：摆脱细节而达到最广泛的应用。在这样的背景下，用数学方法得到的积木块将是对世界建模最好的生成器，这有什么可奇怪的呢？

　　还有一个紧密相关的问题涉及带有数据的模型（理论）：直接验证模型的数据在什么地方？当然，所有的模型都依赖于观察和数据。但是，在建模的初始阶段就试图将模型与数据过于紧密地结合起来，很可能造成致命的错误。对机制的探索依赖于精巧的选择，要丢弃许多明显的、突出的、关系不大的事实。亚里士多德通过观察得出物体"自然地趋于静止"的论断，而这阻碍人们认识引力理论长达千年之久。观察和数据在初始阶段的重要性，在于通过扩大熟悉进行的观测和对模型的扩展和解释，而不在于通过直接的实验。

　　也就是说，在建模初期，专注于实验性的设计虽然会为我们提供明显的细节，但也让我们难以运用直觉、隐喻以及其他更精确的理解方法来进行深度的建模。建模的实质是去掉细节，但是实验性仪器的设计却背道而驰。而且，一个令人满意的、定义完备的模型要求对它的实验不要停留在表面。观察太阳掩盖星星的图像需要非常特殊的条件（日蚀或月蚀），并不是每个人都可以在缺乏相关条件的情况下进行观察。由于这些原因，模型和理论的构建者都应该忽略那些要求"进行验证"的不成熟的告诫。

这里，我强调两点。其一，在合适的阶段，模型在被接受前，必须经过严格的验证。严格表述的模型和经过精确设计的仪器，使我们可以更多地借助于前人的智慧成果，而不是借助于"神秘产生美"。这也是为什么科学能够产生有效的、逐步积累的关于世界的表述。其二，在建模初期就应有强烈的冲动去预览模型的含义。这种冲动是应该的，但是要小心谨慎。验证可以取得对模型（理论）很有价值的反馈信息，特别是当某个人的头脑中有些特别的实验想法时。但验证应当是探索性的，比如，运行计算机模型，允许过程中程序的修改，或者用很容易更改的"面板"仪器进行验证。这一阶段的验证不应该用来提供统计数据。

关于涌现的进一步研究

那么，我们期望通过涌现研究得到什么呢？我的目的是通过科学研究取得有说服力的证据，从而更好地理解涌现现象。在我们的研究中，模型是最核心的，我认为在将来的研究中，模型也应起到同样重要的作用。

我们在探讨中所揭示的要点，在受限生成过程模型的正式定义中得到了强化。完善这个框架时，我会继续拓宽眼界，以确保能够将许多展现涌现现象的广泛模型，如元胞自动机、塞缪尔的国际跳棋程序、神经网络等，纳入受限生成过程的框架。这样的预防措施让我在一定程度上避免了自身喜好的影响，在包含那些成熟的知识的同时，也保留了一点点一般性。但是，只有当积累了足够的定理，并且这些定理能够正确指导我们观察真实的涌现现象时，受限生成过程模型才可以被认为是科学的。

在这一点上，我们还没有看到取得较大成果的理论。但我们确实已经掌握了具有涌现现象的系统的一些显著特征，同时在如何将这些特征抽象为理论的基本要素方面也有了一些认识。例如，受限生成过程在积木块生成方面起核心作用，因此，多数关于涌现的例子都能够进行简洁的描述。我们已经多次看到，一系列精心挑选的积木块在受到一些简单规则的制约时，会形成大量复杂的模式。正如默里·盖尔曼在《夸克与美洲豹》(*The Quark and the Jaguar*)一书中简单叙述的那样：

> 包括圣塔菲研究所许多成员在内的科学家，都正在力图了解在没有外界影响和特殊要求的情况下结构出现的方式。当环境发生巨大变化时，显然，正是系统中的简单规则生成了复杂的结构和行为。

人为定义的具有涌现现象的多数系统，从棋类游戏到元胞自动机，再到公理系统，都可以用这种方式来描述。

通常，在这些生成系统中，很难通过直接考察生成器及其约束的方式预测到稳定模式的出现。当那些稳定模式所遵守的宏观规律并不直接引用底层的生成器和约束时，关于涌现的最明晰的例子就出现了。我们看到在康威自动机中，滑翔机就是关于这类涌现的简单、定义完备的例子。然而，这种技巧的最有力应用是科学还原方法，正如将化学反应还原为量子物理学一样。这样，我们可以看到还原方法以及它在描述宏观规律方面的能力。

对于受限生成过程模型或类似的其他事物，要获得关于涌现的完善理论，就必须进行改进，提出涌现现象得以出现的更充分条件。我们需要证明，当具备这些条件时，涌现现象就会出现。事实上，受限生成过程构建在已经为涌现现象的出现提供诸多机会的前提下。接下来我的努力方向是机制思想，也就是在受限生成过程模型的基本元素和主体之间建立更为紧密的联系。回忆一下蚁群的例子。我认为，至少这三个层次对于导出同涌现相关的典型定理都是必要的：机制—主体—集合。形式上，我们可以只考虑两层，将所有高层都作为基本联系的递归。尽管没有非常有利的证据支持，但我认为，对三个层次的研究能够更好地揭示问题，也更有效率。

在这个过程中，一个有用的定理可以将个体行为同最简单的机制联系起来，并解释这些个体聚集中显示出来的涌现特征，这又一次让我们想起了蚁群的例子。特别重要的是，这些定理描述了群体加在单个主体上的新的约束。这绝不是抽象的概念：当利率出现较大变动时，股票市场将会出现抛售现象，这是大量聚集的群体影响主体个体行为的一个明显例子。

这样的相互作用给出了超越传统系统理论来证实涌现理论的线索。因为生成系统在长时间内会变得越来越复杂，从而证明了进化过程中为何会产生丰富而杂乱的物种，所以生成系统的核心也从最终的结果，如最优的、最富吸引力的等，转移到转换的作用上，如成长、持续和突然出现的约束等。相互重叠的生成系统所表现出的涌现是一个关键特征，它不符合传统系统理论的形式主义。然而正如我们所看到的，这样的重叠可以使系统完全改变它以前的过程。从单个能工巧匠的世界到由亚当·斯密介绍的生产别针的工厂的转变，已经超出传统动力学的范畴。不但如此，领域的每一次极大拓宽都会产生新的积木块，如晶体管。涌现理论一定要深入到这些过程中去，并提出能够加快或减缓涌现现象发生的条件。

涌现研究的几个关键阶段

建立有效的涌现理论，需要通过深入了解，选择有创造力、有严格定义的框架，即一系列的机制，以及对它们之间相互作用的约束，并且对一些可能为真的定理做出推测。例如，关于杠杆点的推测，有限的局部行为导致整体行为的扩展和受控方式的改变，可参见《隐秩序》一书。在涌现的例子中，这些深入了解只能借助计算机探索得到。我之所以强调"探索"一词，是因为我们还没有很完美的数据匹配和统计结果，我们需要发现一些"滑翔机"。

实现目标分为几个阶段。模型可以作为我们探索预期机制和约束的主要指导，这样可以找到出现涌现现象的一些前提条件。接下来，我们应该学习涌现过程中有关预测和控制的关键阶段。这样获得的知识会帮助我们更好地理解人类智慧的明珠：隐喻和创新。下面，让我们分别来看一看这些关键阶段。

作为指导的模型

人们一般根据预测的准确性来判断模型是否有效。但是，我们在科学研究中已经看到了其他至少两种模型。对于这两种模型，不是根据能否正确预测来判断有效性的。一种模型能够提供严谨的证明，来说明有些事情是可能的，正如冯·诺伊曼提出的能够自我复制的机器。当动态模型按照预想的方式开始工作时，如同专利设备注册生效时一样，一种新的事物诞生了。另一种模型则会在提供关于复杂情况的信息时起作用，这些信息指出到什么地方去发现关键现象、控制点等。麦克斯韦的"悬浮齿轮"、赫伯特·西蒙于1969年提出的"有限理性"经济模型、薛定谔于1956年提出的生命类晶体模型和免疫学中的"锁—钥匙"模型等，都是这类模型的例子。它们探索并进行了解释，这种模型的有效性基于它们所阐述的思想的重要性和说服力。如果说受限生成过程和与之相关的回声模型是成功的，那么先决条件是它们属于第二种类型的模型。

在探索中使用计算机模型与在物理学中运用思维实验相似。但它更多的是智力的演练，而不是数据的收集。计算机模型的严格定义，保证了我们在执行程序中观察到的任何现象都有足够的初始条件，这种形式不能保证当初始条件发生轻微改变时，我们之前观察到的现象会重现。但是计算机模型可以通过很容易地改变初始条件，进而确定产生相同现象的变量。

在改变哪些初始条件和决定哪些现象是关键特征时，洞察力和感觉至关重要。在涌现研究中，各学科间的比较对于提升洞察力和感觉有举足轻重的作用。正如我多次强调过的，学科间的比较能够区分偶然现象和本质现象，通过寻找不同情况下的相同现象，我们能够从与前后情况相关联的特征中分离出经常出现的特征，而且，在一种情况下被隐藏了的特征可能在其他情况下显现出来。洞察力和直觉都有助于涌现模型的构建。

这个阶段的探索是一个智力探索问题，不是通过试验、再试验来得到"统计性显著联系"。持续收集数据直到出现显著联系的培根方法，在这里可能不起作用，因为具有涌现现象的系统实在太复杂了。特别是，非线性的相互作用常常无法进行简单分析，例如回归，它能够揭示偶然的联系。细心的探测，并在条件和现象之间反复迭代，能够大概了解显著联系。这种联系提供了条件和相应的结果，也有助于形成更通用的正式理论。

在这个探索阶段，应该及时了解那些确实会产生涌现现象的条件。在研究的初始阶段，如果我们假定引起涌现的一系列充分条件，那么，这些条件就可以集中到产生复杂适应系统的条件中。这里有一种互动关系：要想真正掌握复杂适应系统，需要掌握同它密切相关的涌现现象。在我们对复杂适应系统的探索中，计算机模型起到了关键性的作用，模型显示，遵守简单规则的主体能够适应复杂的协作关系／竞争关系。昆虫—蚂蚁—苍蝇的三角关系、囚徒困境中协作关系的演化、由遵守简单买卖规则的主体构成的市场等，都极大地扩展了我们对典型的复杂适应系统行为的了解。这种不断增长的了解为我们掌握涌现奠定了基础。最终，我们应该能够严格定义这样的理论框架来指导我们的实验，就如同使我们理解电磁波和频谱的麦克斯韦方程和定理那样。

在最广义的层次上，本书的主旨是模型和模型的构建。模型可以说是人类充满智慧的探索过程的基础。在研究过程的每个阶段都存在模型，比如从人类早期的游戏到严格的数学模型，再到现在的计算机模型。我们已经讨论过"源—目标"模型之间的联系，以此来理解科学中很有价值的各种还原过程。最重要的是，我们已经看到，模型是一种研究永远新奇的世界的方法。

控制和预测

通过推测和关联世界上显著、重复出现的特征之间的相似规律，我们可以将过去的观察结果纳入现在的实际情况，进而可以对未来发生的事情做出预测和控制。

大公司和政府机构的领导者现在可以利用模型来进行日常工作中的选择，如在线性趋势分析的基础上制作电子数据表。有些模型还不止于此，它们可以使用条件约束分析的方法，比如"如果／则"

子句，从而设定选项的范围，就像飞行模拟器那样。利用这样的模型，那些管理者能够看到并控制机制和它们之间的相互作用，运用他们的直觉将模型转化为可行的管理方案。这种做法目前并不常见，但确实很重要。当这一切成为可能时，模型通常可以揭示出某些可能会带来损失的"悬崖"，这种危险会在假设的各种情况中反复出现。这时，模型起到了飞行模拟器的作用，让我们能够在进行那些很可能带来损失的真实行动前，就了解可能会发生的情况。在避免出现灾难或造成不可挽回局面的"悬崖"方面，使用一个定义较为完备的模型比不采用模型要好很多。模型可以反映出一些情况，而没有模型这样的辅助工具时，许多危险都很难被察觉到。盖尔曼在《夸克与美洲豹》一书中很好地表述了这一点：

> 对天然物质的多样性而不是综合性的策略研究，不但包括线性规划，而且包括演变、高度非线性模拟和偶然因素，这些都会对提高人类的综合预测能力有相当的帮助……对于所有的人，如果在漆黑的夜里，驾驶一辆车子飞快驶过一段自己从来没有走过的路，而这条路又布满了水沟，凸凹不平，而且不远处会有深坑，此时前面出现了一点光亮，即使它是微弱而闪烁不定的，也可能会帮助我们躲过悲惨的事故。

又比如汉斯·伯利纳在 1978 年指出，在游戏中，如果我们能够躲过至关重要的失误，就有机会去修正那些危险相对较小的情况。

创新和创造

我们在讨论安伯托·艾柯的《隐喻：巨大的全貌》(*The Supreme Figure of all Metaphor*)时，提到了涌现和创新的紧密关系。隐喻中的"源—目标"结构和科学中的"源—目标"的简化模式密切相关，它们都在重新审视世界的过程中起着关键性的作用。我们已经看到，无论是科学创造还是文学创作，都依赖于对技巧和围绕源和目标（模型或对象）的含义的敏感。说到底，重要的创新需要"很长的过程"，要具备一种能够超越对已知积木块拼凑组合的阶段，从而进行更长远的组合的能力。

在艺术和科学中，创新的方向都会受到若干约束条件和瓶颈状态制约。由于技术性困难（约束）带来的瓶颈，一些积木块的组合往往很难或不可能实现。在这种情况下，目标就是"翻越下一个山头"，而不是遥远的展望。创新和最优化之间的巨大差别就体现在这里。在复杂适应系统中，最优化状态几乎不可能达到，这一般来说没有什么实际意义。对于热带雨林中栖息的动物而言，什么才是最佳的组织呢？有价值的创新应该是一种权衡性的组合，往往介于明显拼凑的组合和不可能实现的最佳组合之间。学科间的比较、对相关学科的涉猎和对相关概念的敏感，这三者的结合在这个阶段最为重要。相反，"转动推理的曲柄"在这一阶段的科学工作中，如同它在艺术中一样，没有多大用处。

与艺术领域的常识不同，"产出总是大于投入"这种事情同科学的直觉是相悖的。然而，在具有涌现现象的系统中，这种情况却经常发生。从游戏到科学理论，我们已经看到过许多这样的系统，它们结构紧密、受规则制约，并有足够的内容可供长期研究。当然，一旦我们定义好了系统，系统潜在的可能性就已经被完全决定了。当系统中存在"如果/则"条件判断子句或其他非线性相互作用时，直接考察定义是无法看到所有这些可能性的。

在考察涌现的性质时，的确可以考虑运用成熟的还原论方法，"将系统分解为部分，当理解部分之后，也就理解了整个系统"。这虽然很简单，在科学研究中却常常能起实际作用，而且基于这样的作用，科学已经取得了很大的进展。但是，这种研究形式并不适用于研究具有涌现现象的系统。相应地，作为难度更大的还原形式，使用层次替代对于这类系统往往是适用的，想想前面的滑翔机的出现。这种难度更大的还原形式，也是诸多科学研究中的一种典型方法。化学规律事实上是受物理规律制约的，从这个意义上说，化学可以还原为物理。但是，化学具有它自身的"滑翔机"，即分子。制约分子间相互作用的宏观规律的形成和作用，同基本物理粒子的规律无关。化学家们偶尔也会用到深层次的知识，如放射效应，但这只是例外，而不是规则。

所以，涌现与宏观规律和重叠的受限生成过程密切相关。对单个蚂蚁所有能力的详细了解，并不能使我们了解整个蚁群显示出来的自适应性。对组成计算机程序的一小部分指令的详细分析，并不能揭示这个程序所具备的所有能力。我们很快就会知道人类 DNA

的全部基因或者至少是每种基因的片段的编码，但即便这样，我们也远远没有了解基因所控制的程序，这种程序让一个受精卵演变成由千亿细胞组成的成熟有机体。我们很难了解大量生态系统中的相互作用和涌现现象，以及生物学和病理学要素。难以了解的还有这上千亿细胞中那几百亿称为神经元的特殊细胞形成的网络。了解这些细胞的行为需要进行更多的心理学研究，而不是对独立的神经元属性进行研究。

事实上，对具有涌现现象的系统的研究，不能简单地还原为对系统各个独立组成部分的研究。但是，这并不意味着我们就不能了解这样的系统。尽管无法通过对物理规律的直接考察来了解化学，但毕竟化学已经成为非常完善的一门科学。这需要耐心。像国际象棋和国际跳棋这样的游戏，小孩子都可以很快掌握其简单定义的规则，但人类对它们的研究已经持续了几个世纪，而且还将继续下去。我们有什么理由期望，对于那些具有更复杂规则的复杂适应系统，以及其他具有涌现现象的系统的研究，会更加容易一些呢？

涌现研究的长远目标

对涌现更深入的理解，可以帮助我们分析两个深奥的科学问题，两个具有哲学和宗教意味的问题：生命和意识。我们可以考虑一个较为简单的类似问题：机器可以复制自己吗？生命和意识的含义则更难掌握，更加遥不可及。

根据生命这个广泛的抽象概念，我们将世界的本质分成了截然不同的两大类：有生命的和无生命的。这种分类有点自相矛盾。我们不能毫无保留地说一个分子是"死"的，但是由这样的分子组成的生物细胞却是"有生命的"。多数科学家现在认为，在某种程度上，不存在一种超越物理学和化学定律的隐藏的"生命"。到目前为止，我们还没有模型可以严格展现作为一种涌现现象的生命，只是对这样的模型看起来会是什么样的做出了推断，这方面的例子可参考曼弗雷德·艾根和鲁蒂尔德·温克勒的著作（Eigen, Winkler, 1981）。我们有理由认为染色体对有机体的生长具有至关重要的作用，而且我们已经开始了解单个基因的功能。但我们对基因间相互作用仍了解甚少。很明显，染色体确定了一个复杂的程序。在细胞的成长中，基于细胞蛋白质复杂的反馈传导，基因被置于"开"或"关"的状态。对于多细胞动物而言，这种程序远远比我们曾设计过的所有计算机程序都要复杂。而且，这种程序是处在复杂结构和存在催化的环境中，它影响环境的同时也受到环境的影响。几乎所有的科学家都认为生命是一种涌现现象，在基于已知机制获得相应模型之前，我们还有很长的路要走。

多数科学家都认为生命是涌现现象，但在意识问题上，他们的看法就不一样了。自有文字记载以来，人们就一直在思考意识的本质是什么这一问题，但至今仍悬而未决。人们还不清楚是否能将一个或者所有意识问题还原为神经元之间的相互作用。关于这个问题有一些有趣的推测，可以参见丹尼尔·丹尼特的著作中那些很有趣的讨论（Dennett, 1991）。至今，还没有理论或模型能清楚地表现意识的涌现现象，事实上，我们不但没有这样的理论和模型，也没有这样的人工系统显示，每个主体（神经元）同时与成百上千的其他主体（通过突触）相互作用，而且相互连接的主体中存在大量的反馈回路，使得单个的主体可能属于几百个或上千个回路。即使最复杂的计算机，它们也只能为每个主体建立 10 个左右的连接。从人类现在掌握的机器知识推断，符合要求的机器在复杂性上要跳跃三个数量级，我们的能力对如此复杂的计算没有多大指导性，在这种情况下的推断最多只能算是构想。在我们对这种复杂机器有更多了解之前，是否可以采用这样的机器来研究意识的涌现属性还是个问题。

在确切地知道哪些生命和意识的现象及问题可以通过涌现现象进行解释之前，我们对宇宙万物的理解都是有限的。我们必须知道，在已知那些机制的相互作用的基础上还能解释多少现象，如生物分子和神经元。我们了解这种解释的局限性也需要继续走很长的路。但是，只有在持续努力地去做了这种解释之后，我们才能了解在其他方面还有哪些问题需要解释。

需要更深入探讨的是对整体研究工作的指导问题：主体是如何通过彼此间相互作用产生聚合体的？而且相比于组成它们的主体，这个聚合体具有更大灵活性和适应性。这确实是个问题，要回答它必须进行坚持不懈的科学验证。这很困难，需要长时间的不懈努力。但无论最终结果是什么，必将对我们关于自己和整个世界的认识产生深远的影响。

* 表示普通读者可以阅读

Arthur, B. W., Holland, J. H., et al. 1997. "Asset Pricing under Endogenous Expectations in an Artificial Stock Market." Santa Fe Institute Working Paper, 96-12-093.

Axelrod, R., and Hamilton, W. D. 1982. , "The Evolution of Cooperation." In J. Maynard Smith, ed., *Evolution Now*. New York: Freeman.

* Berliner, H. J. 1978. "A Chronology of Computer Chess and Its Literature." *Artificial Intelligence* 10(2).

* Black, M. 1962. *Models and Metaphors*. Ithaca, N. Y. : Cornell University Press.

* Borges, J. L. 1970. *The Aleph and Other Stories*. New York: Dutton.

Burington, R. S. 1946. *Handbook of Mathematical Tables and Formulas*, 2nd ed. Sandusky, Ohio: Handbook Publishers.

* Burke, J. 1978. *Connections*. Boston: Little, Brown.

Chomsky, N. 1957. *Syntactic Structures*. The Hague: Mouton.

Cowan, G. A., Pines, D., and Meltzer, D. 1994. *Complexity: Metaphors, Models, and Reality*. Reading, Mass.: Addison-Wesley.

* Davis, P. J., and Hersh, R. 1981. *The Mathematical Experience*. Boston: Houghton Mifflin.

* Dennett, D. C. 1991. *Consciousness Explained*. Boston: Little, Brown.

* —. 1995. *Darwin's Dangerous Idea*. New York: Simon & Schuster.

* Eco, U. 1994. *The Island of the Day Before*. New York: Harcourt Brace.

Eigen, M. and Winkler, R, 1981. *Laws of the Game*. New York: Knopf.

Feynman, R. P., et al. 1964. *Lectures on Physics*. Reading, Mass.: Addison-Wesley.

* Gardner, M. 1983. *Wheels, Life, and Other Mathematical Amusements*. New York: Freeman.

* Gell-Mann, M. 1994. *The Quark and the Jaguar: Adventures in the Simple and the Complex*. New York: Freeman.

Hebb, D. O. 1949. *The Organization of Behavior: A Neuropsychological Theory*. New York: Wiley.

* Hesse, Herman. 1943. *Das Glasperlenspiel*. Translated (1969) as *Magister Ludi*. New York: Holt, Rinehart and Winston.

* Hesse, M. B. 1966. *Models and Analogies in Science*. South Bend, Ind.: Notre Dame University Press.

* Hofstadter, D. R. 1979. *Gödel, Escher, Bach : An Eternal Golden Braid*. New York: Basic Books.

* —. 1995. *Fluid Concepts and Creative Analogies*. New York: Basic Books.

* Holland, J. H. 1995. *Hidden Order: How Adaptation Builds Complexity*. Reading, Mass. : Addison-Wesley.

Jammer, M. 1974. *The Philosophy of Quantum Mechanics*. New York: Wiley.

Kleene, S. C. 1951. "Representation of Events in Nerve Nets and Finite Automata." In Shannon, C. E. and McCarthy, J., eds., 1956. *Automata Studies*. Princeton: Princeton University Press.

Korth, J. J., ed. 1965. *IBM Scientific Computing Symposium: Large-Scale Problems in Physics*. White Plains, N. Y.: IBM.

May, R. M. 1973. *Stability and Complexity in Model Ecosystems*. Princeton: Princeton

University Press.

Maynard Smith, J. 1978. *The Evolution of Sex*. Cambridge: Cambridge University Press.

Maxwell, J. C. 1890. *The Scientific Papers of James Clerk Maxwell*. Cambridge: Cambridge University Press.

Minsky, M., and Papert, S. 1988. "Perceptrons." In Anderson, J. A. and Rosenfeld, E., eds., *Neurocomputing*. Cambridge, Mass.: MIT Press.

Misner, C. W., Thorne, K.S., and Wheeler, J. A. 1970. *Gravitation*. San Francisco: Freeman.

Mitchell, M. 1993. *Analogy-Making as Perception*. Cambridge, Mass.: MIT Press.

—. 1996. *An Introduction to Genetic Algorithms*. Cambridge, Mass.: MIT Press.

* Newman, J. R. 1956. *The World of Mathematics*. New York: Simon & Schuster.

Rashevsky, N. 1948. *Mathematical Biophysics*. Chicago: University of Chicago Press.

Rochester, N., Holland J. H., et al. 1956. "Tests on a Cell Assembly Theory of the Action of the Brain , Using a Large Digital Computer." In Anderson J. A. and Rosenfeld E., eds., 1988, *Neurocomputing*. Cambridge, Mass.: MIT Press.

Samuel, A. L. 1959. "Some Studies in Machine Learning Using the Game of Checkers." In Feigenbaum E. A. and Feldman J., eds., 1963, *Computers and Thought*. New York: McGraw-Hill.

* Schrödinger, E. 1956. *What Is Life?* New York: Doubleday.

* Sholl, D. A. 1956. *The Organization of the Cerebral Cortex*. London: Methuen.

* Simon, H. A. 1969. *The Sciences of the Artificial*. Cambridge, Mass.: MIT Press.

* Singer, C. 1959. *A Short History of Scientific Ideas*. Oxford: Oxford University Press.

Turing, A. M. 1937. "On Computable Numbers, with an Application to the Entscheidungsproblem." *Proceedings of the London Mathematical Society*, series 2, no. 4:230–265.

Ulam, S. 1974. *Sets, Numbers, and Universes*. Cambridge, Mass.: MIT Press.

von Neumann, J. 1966. *Theory of Self Reproducing Automata*, ed. Burks, A. W.. Urbana:

University of Illinois Press.

von Neumann, J., and Morgenstern, O.. 1947. *Theory of Games and Economic Behavior.* Princeton: Princeton University Press.

涌现的意义和作用

——《涌现》重译后记

　　20多年前，中国人民大学信息学院经济科学实验室的一批教师和学生，包括我在内，集中力量，通力合作，翻译了美国著名学者约翰·霍兰德的《涌现》一书。这是我们翻译的霍兰德的第二本书，第一本是《隐秩序》。今天，这本介绍复杂性研究的图书，得以在湛庐文化重新出版，令我们喜出望外。在疫情的紧张气息笼罩之下，我们这一批朋友回首往事，不胜感慨：社会和世界的变化实难预测，更不要说控制了！唯有科学思想的火花与技术进步的创新，不断地给我们以惊喜和安慰。

借此机会，我想就涌现这个话题，与学术界的同行们切磋并交流一下，谈谈我们对于复杂性研究的理解和认识。和赫伯特·西蒙一样，约翰·霍兰德教授不是一般意义上的特定领域的专家，而是伟大的思想家和真正的智者。几十年来，他们对于复杂性的研究和探索，已经越来越深刻地被学术界和大众所认识与理解，并对许多学科领域产生了积极的影响，在世界范围内都是如此。

严格地讲，我们这些人都是理工科出身的技术人员，原来的想法都是比较单纯的。不管是立足于数学还是计算机技术，都是要做一些当时被统称为管理信息系统的应用项目，做一些很实际的事情，如排序、查找、汇总、制表，后来发展到企业的决策支持系统和宏观经济的投入产出表。当时，我们认为只要有了先进技术和定量信息，我们就能够创造效益，为社会创造财富，带去福祉。然而，事情很快就超出了我们最初的认识和想象，我们开始认识到，世界是复杂的。

世界上的事情并不是非此即彼、黑白分明，所谓好坏、利弊、对错、得失，都是因时因地因场景而变化的。特别是，系统规模越来越大，涉及多方合作时，局部和整体的视角和利益冲突，可靠性和效率的权衡等各种因素交叉重叠，呈现出非常复杂的情况。我们很快就认识到，技术并不能自然而然地给人类带来福祉，现实的得失利弊和是非曲直非常复杂，于是，我们不得不开始探索社会、管理、经济这些以前没有关注过的领域。

20 世纪 70 年代末到整个 80 年代，我们希望从哲学、系统工程、自然辩证法、管理科学等领域，寻找一套理想的"科学方法"或"工作规范"。为此，我们曾参与过中外许多学术团体的活动，努力在学术思想的汪洋大海中探索和寻找。但是，似乎总是不得要领。比如，无论是系统科学强调的"1 加 1 大于 2"，还是系统工程强调的"自上而下的结构化方法"，在实践中都遇到了难以操作等种种障碍。我们所期望的"放之四海而皆准"的科学方法并没有出现。

转折点出现在 20 世纪 90 年代初。有两件事情把我们引入复杂性研究这个崭新的领域。一件是我们的导师陈余年教授，从美国给我们带回来了米歇尔·沃尔德罗普（Mitchell Waldrop）的《复杂》（Complexity）一书，我们开始知道了圣塔菲研究所和约翰·霍兰德教授。另一件事，是从《科学美国人》（Scientific American）上读到了弗农·史密斯（Vernon Smith）教授的实验经济学和经济科学实验室，并参观了他在美国亚利桑那大学创建的世界上第一个经济科学实验室。

从这时开始，我们逐渐认识到了一个朴素而深刻的道理：世界比我们理解的要复杂得多，那种追求简单化、绝对化、非此即彼的思维方式，恰恰正是导致世上出现众多失误和偏颇甚至灾难的根源。我们以前期望找到一种"一统天下"的终极真理或规范，这本身就是不切实际的，那种"放之四海而皆准"的终极模式是不存在的。我们需要做和能够做的是承认和正视复杂、多样化、分层次的世界，避免绝对化和僵化，不断认真观察和研究丰富多彩的大千世界，不断更新我们的理解和认识，这就是复杂性研究的核心理念。而在这方面给我们做出榜样的，正是赫伯特·西蒙和约翰·霍兰德两位大师。赫伯特·西蒙的《人工科学》(The Science of the Artificial）和《基于实践的微观经济学》(Empirically-based Microeconomics），霍兰德的《隐秩序》和《涌现》就是他们的代表作。这种科学理念深深地吸引着我们，影响了我们。这就是 20多年来我们持续关注复杂性研究的原因。

需要特别说明的是：复杂性研究并非一个学科，而是一种理念，一种思想方法。为了回答许多人的质疑，我们曾在一些场合做过一些归纳和表述，在这里可以简要地复述一下：

复杂性研究起源于 20 世纪末，是基于现代科学成果的一种科学理念。与我们过去在学校里学到的传统理念不同，复杂性研究对追求最终的、大一统的科学体系的理想提出了质疑；它承认和重视世界的多样性和复杂性，强调层次之间的质的差别和不可规约性；质变、层次、涌现、突变、混沌、非线性等思想得到越来越多的关注。正是由于具有这些特点，复杂性研究才成为避免僵化、开拓思路的有力思想策略，在科学界得到了越来越多的重视和关注。

赫伯特·西蒙和约翰·霍兰德这两位大师，就是这种新思想、新理念身体力行的典型代表。西蒙教授一生跨越了许多学科领域，在经济学领域获得了诺贝尔奖，在计算机科学领域获得了图灵奖，在人工智能领域也是公认的开创者之一。身为计算机领域享有盛誉的遗传算法之父，霍兰德教授并没有止步于计算机领域，而是广泛涉猎心理学等诸多学科。在香港的一次学术访问中，他偶然结识了几位语言学界的专家，了解到中国福建某些方言形成和发展的环境和历史，他马上把复杂性研究的思想应用到这个领域，并迅速发展成一个新的学科分支，并举办了多次学术会议，其中好几次还是在中国举办的。关于这件事情的详细情况，可以参阅在新加坡出版的霍兰德教授 85 诞辰纪念文集 *Aha…That is Interesting! : John. H. Holland, 85 Years Young*。

从反面来看，不管是在科学史上，还是在人类发展史上，绝对化、简单化所造成的危害可以说比比皆是。只知其一，不知其二，从而造成恶果的例子可以举出很多。例如，化石能源的利用带来了巨大的经济效益，却造成意想不到的严重环境污染；核能也是如此，信息技术也是如此。信息技术的空前发展和普及，带来了巨大的效益，造就了电子商务和一系列新兴信息服务业，手机的普及也是众所周知的巨大进步。然而，相关的隐私保护和知识产权问题，乃至谣言满天飞的问题，同样也不得不引起广泛的关注和警惕。这些教训从反面告诫人们，保持对于复杂性的敬畏，防止陷入偏见和僵化，对于人类文明是多么重要！

回到涌现这个主题。如果说赫伯特·西蒙的"准可分解的层次结构"是复杂系统的典型组织形式，那么层次和涌现就是这种组织形式生成和发展的关键机制。正是在跨越层次的时候，通过涌现，新的实体、新的现象、新的结构，一句话，新的质，才得以出现。霍兰德的贡献就在于，他对相关现象和机制进行了多视角、多方面的深入考察。除了上面提到的两本书之外，他还写了《复杂性》（*Complexity*）和《信号与边界》（*Signals and Boundaries*）两本书，对此进行了进一步的研究和讨论。（后两本书至今还没有中文译本。）霍兰德谦虚地说，整个理论的大厦是赫伯特·西蒙创建的，他只是为这座大厦补充细节。然而，仔细阅读这些著作，我们可以看到，他的这些探讨绝非无关紧要的细节，而是闪耀着理性光辉的重要创新。20多年来，我们每次重读，都会有新的体会。比如在《隐秩序》和《涌现》中都一再强调的"受限生成过程"。受限生成过程是一种普适的复杂系统模型，而模型展示了涌现的产生。受限生成过程还可以编码在计算机上运行。受限生成过程模拟计算机的工作，模拟神经网络，加深了我们对人工智能的认识。受限生成过程这一概念完美地把内因和外因、主动性和环境作用结合在一起，解开了困扰我们多年的谜团，即如何把握内与外的辩证关系，令人受益匪浅。

在这里还需要强调的一个问题是：对于层次概念的理解和重视。层次之间存在着质的差别。我们以前对于"1加1大于2"的理解往往仅限于量的增加，这远远不够。这里的关键在于产生了新的质。比如，我们常常遇到的局部和整体的矛盾，不是简单的利益分配的问题，而是对于利益的理解和要求的质的区别。应该说，现在的博弈论仍无法有效地描述和处理这个问题。非此即彼、绝对化的思维方式就是种种矛盾和冲突发生的根源。在这方面，强调复杂性，强调层次之间的差别和联系，具有非常重要的现实意义和作用。

另外，霍兰德跨学科的研究方法本身也非常值得称道。比如在这几本书中，他反复提到的几个不同领域的案例：国际跳棋、神经网络系统和元胞自动机，它们分属相去甚远的不同领域，然而都具有复杂系统的典型特点。如此巨大的跨度，在学术研究领域实属罕见。这充分表明，霍兰德和西蒙研究的不是个别学科的内容，而是关乎整个科学研究领域的一系列普遍性的理念。这正是我们持续关注霍兰德的根本原因。

《涌现》教我们如何去发现埋藏在复杂现象下面的简单规律，霍兰德用了抽象、隐喻、建模、计算机建模……他讲得非常细致，由浅入深，对同一个主题的讨论逐渐深入，有实例，又有理论提升，尤其在"结语"部分，霍兰德并没有像许多学术著作的作者那样，给出研究的结论，而是归纳了涌现现象的 8 个特点。这种开放式的结尾，为我们的思考打开了通向未来的大门，插上了得以高飞的翅膀，令人神往。我相信，这也将是每一位读者的阅读体验。

正是基于以上的种种背景，当湛庐的编辑老师向我们提出重译的建议时，我们马上就欣然接受了。这既可以成为我们对于 20 多年来探索经历的美好回忆，又是一个重温和加深我们对于复杂性研究的体会的好机会。当然，读者也完全可以想象，20 多年前的同事、师生，如今天各一方，遍布全球，处在不同的时区，从事着不同的工作，聚在一起重新做一件 20 年前做过的翻译工作，谈何容易！但我们在过去 20 多年的工作中加深了对本书内容的理解，英文水平也提高了不少，更幸运的是，我们生活在信息时代，互联网使我们能够做到"天涯若比邻"，顺利地协同工作。身在美国硅谷的方美琪教授担负了困难的统稿工作。一个新学科的开创性著作往往是最难翻译的，因为创新性的工作必然产生许多新的名词和概念。这些译名的创造和协调是整件事情中较为困难的部分。方教授和负责翻译各章的朋友们反复推敲，努力使新的译文更加贴切、优美和流畅。最后她还认真地校读了整个译稿，在短短两个多月里完成了这件不可思议的合作项目。她和同学们的辛勤工作，使最后的译文比 20 多年前有了长足的进步。在北京的王明明教授则承担了组织协调工作，包括与出版方的联络和交流，保证了工作的顺利完成。

参与本书翻译的译者有：

谷明洋（第 1 章、第 2 章、第 3 章前半部分），现居挪威，目前就职于挪威 Equinor ASA。

罗毅（第 3 章后半部分、第 4 章），目前就职于北京某国企。

付征（第 5 章和第 6 章），现居美国，目前就职于谷歌公司。

丁浩（第 7 章和第 8 章），现居挪威，目前就职于挪威邮政总署。

任赪（序言、第 9 章、第 10 章），现居北京，目前就职于亚信科技控股有限公司。

孙秀明（第 11 章、结语），现居北京，目前就职于建信金融科技公司。

再次对所有参与重译的朋友和湛庐的编辑老师表示衷心的感谢！

陈禹

于多伦多

未来，属于终身学习者

我这辈子遇到的聪明人（来自各行各业的聪明人）没有不每天阅读的——没有，一个都没有。巴菲特读书之多，我读书之多，可能会让你感到吃惊。孩子们都笑话我。他们觉得我是一本长了两条腿的书。

——查理·芒格

互联网改变了信息连接的方式；指数型技术在迅速颠覆着现有的商业世界；人工智能已经开始抢占人类的工作岗位……

未来，到底需要什么样的人才？

改变命运唯一的策略是你要变成终身学习者。未来世界将不再需要单一的技能型人才，而是需要具备完善的知识结构、极强逻辑思考力和高感知力的复合型人才。优秀的人往往通过阅读建立足够强大的抽象思维能力，获得异于众人的思考和整合能力。未来，将属于终身学习者！而阅读必定和终身学习形影不离。

很多人读书，追求的是干货，寻求的是立刻行之有效的解决方案。其实这是一种留在舒适区的阅读方法。在这个充满不确定性的年代，答案不会简单地出现在书里，因为生活根本就没有标准确切的答案，你也不能期望过去的经验能解决未来的问题。

而真正的阅读，应该在书中与智者同行思考，借他们的视角看到世界的多元性，提出比答案更重要的好问题，在不确定的时代中领先起跑。

湛庐阅读App：与最聪明的人共同进化

有人常常把成本支出的焦点放在书价上，把读完一本书当作阅读的终结。其实不然。

时间是读者付出的最大阅读成本

怎么读是读者面临的最大阅读障碍

"读书破万卷"不仅仅在"万"，更重要的是在"破"！

现在，我们构建了全新的"湛庐阅读"App。它将成为你"破万卷"的新居所。在这里：

● 不用考虑读什么，你可以便捷找到纸书、电子书、有声书和各种声音产品；

● 你可以学会怎么读，你将发现集泛读、通读、精读于一体的阅读解决方案；

● 你会与作者、译者、专家、推荐人和阅读教练相遇，他们是优质思想的发源地；

● 你会与优秀的读者和终身学习者为伍，他们对阅读和学习有着持久的热情和源源不绝的内驱力。

下载湛庐阅读 App，
坚持亲自阅读，
有声书、电子书、阅读服务，
一站获得。

本书阅读资料包

给你便捷、高效、全面的阅读体验

本书参考资料

湛庐独家策划

☑ **参考文献**
为了环保、节约纸张，部分图书的参考文献以电子版方式提供

☑ **主题书单**
编辑精心推荐的延伸阅读书单，助你开启主题式阅读

☑ **图片资料**
提供部分图片的高清彩色原版大图，方便保存和分享

相关阅读服务

终身学习者必备

☑ **电子书**
便捷、高效，方便检索，易于携带，随时更新

☑ **有声书**
保护视力，随时随地，有温度、有情感地听本书

☑ **精读班**
2~4周，最懂这本书的人带你读完、读懂、读透这本好书

☑ **课　程**
课程权威专家给你开书单，带你快速浏览一个领域的知识概貌

☑ **讲　书**
30分钟，大咖给你讲本书，让你挑书不费劲

湛庐编辑为你独家呈现
助你更好获得书里和书外的思想和智慧，请扫码查收！

（阅读资料包的内容因书而异，最终以湛庐阅读App页面为准）

Emergence: from Chaos to Order

Copyright © 1998 by John H. Holland

All rights reserved.

图书在版编目（CIP）数据

涌现 /（美）约翰·霍兰德（John H.Holland）著；
陈禹，方美琪译 . — 杭州：浙江教育出版社，2022.4
（2023.9重印）

ISBN 978-7-5722-3223-7

Ⅰ.①涌… Ⅱ.①约…②陈…③方… Ⅲ.①系统科
学—普及读物 Ⅳ.① N94-49

中国版本图书馆 CIP 数据核字（2022）第 043531 号

浙江省版权局
著作权合同登记号
图字:11-2020-392号

上架指导：复杂科学 / 创新

涌现
YONGXIAN

[美] 约翰·霍兰德（John H. Holland）著

陈禹　方美琪　译

责任编辑：高露露
美术编辑：韩　波
封面设计：ablackcover.com
责任校对：刘晋苏
责任印务：沈久凌

出版发行：浙江教育出版社（杭州市天目山路 40 号　电话：0571-85170300-80928）
印　　刷：石家庄继文印刷有限公司
开　　本：880mm ×1230mm 1/32
印　　张：11.5　　　　　　　　　　　　　　**字　　数：**253 千字
版　　次：2022 年 4 月第 1 版　　　　　　　**印　　次：**2023 年 9 月第 2 次印刷
书　　号：ISBN 978-7-5722-3223-7　　　　　**定　　价：**89.90 元

如发现印装质量问题，影响阅读，请致电 010-56676359 联系调换。